图说

果园林地养鸡

主　编　李福伟　李桂明

副主编　张永翠　杨景晁　韩海霞

参　编　曹顶国　冯敏燕　傅　剑　高金波
黄中利　黄保华　李明辉　刘　玮
刘　兵　林树乾　雷秋霞　魏祥法
赵增成　尉玉杰　魏昆鹏　周　艳
赵桂省　朱秀乾

机械工业出版社
CHINA MACHINE PRESS

本书结合果园林地养鸡的案例，详尽地介绍了果园林地养鸡各个环节的技术要点，以图文并茂的形式把知识深入浅出地展现给读者，使读者一看就懂，一学就会。本书共分为9章，分别介绍认识果园林地养鸡、鸡品种的选择、营养与饲料、场址选择和鸡舍设计、常用的设备用具、育雏期的饲养管理技术、放养期的饲养管理技术、疾病防治技术和果园林地养鸡成功案例。

本书图文并茂、通俗易懂，可供广大鸡养殖户、相关技术人员阅读，也可作为大专院校、农村函授及相关培训班的辅助教材和参考书。

图书在版编目（CIP）数据

图说果园林地养鸡/李福伟，李桂明主编．—北京：机械工业出版社，2018.1
（高效养殖致富直通车）
ISBN 978-7-111-58546-6

Ⅰ.①图…　Ⅱ.①李…　②李…　Ⅲ.①鸡－生态养殖－图解　Ⅳ.①S831.4-64

中国版本图书馆CIP数据核字（2017）第289825号

机械工业出版社（北京市百万庄大街22号　邮政编码100037）
策划编辑：周晓伟　郎　峰　责任编辑：周晓伟　郎　峰　孟晓琳
责任校对：王　延　　　　　责任印制：常天培
北京联兴盛业印刷股份有限公司印刷
2018年1月第1版第1次印刷
140mm×203mm·5印张·135千字
0001—4000册
标准书号：ISBN 978-7-111-58546-6
定价：35.00元

凡购本书，如有缺页、倒页、脱页，由本社发行部调换

电话服务
服务咨询热线：010-88361066
读者购书热线：010-68326294
　　　　　　　010-88379203

网络服务
机 工 官 网：www.cmpbook.com
机 工 官 博：weibo.com/cmp1952
金　书　网：www.golden-book.com
教育服务网：www.cmpedu.com

高效养殖致富直通车
编审委员会

序

改革开放以来，我国养殖业发展非常迅速，肉、蛋、奶、鱼等产品产量稳步增加，在提高人民生活水平方面发挥着越来越重要的作用。同时，从事各种养殖业也已成为农民脱贫致富的重要途径。近年来，我国经济的快速发展对养殖业提出了新要求，以市场为导向，从传统的养殖生产经营模式向现代高科技生产经营模式转变，安全、健康、优质、高效和环保已成为养殖业发展的既定方向。

针对我国养殖业发展的迫切需要，机械工业出版社坚持高起点、高质量、高标准的原则，组织全国20多家科研院所的理论水平高、实践经验丰富的专家、学者、科研人员及一线技术人员编写了这套“高效养殖致富直通车”丛书，范围涵盖了畜牧、水产及特种经济动物的养殖技术和疾病防治技术等。

丛书应用了大量生产现场图片，形象直观，语言精练、简洁，深入浅出，重点突出，篇幅适中，并面向产业发展需求，密切联系生产实际，吸纳了最新科研成果，使读者能科学、快速地解决养殖过程中遇到的各种难题。丛书表现形式新颖，大部分图书采用双色印刷，设有“提示”“注意”等小栏目，配有一些成功养殖的典型案例，突出实用性、可操作性和指导性。

丛书针对性强，性价比高，易学易用，是广大养殖户和相关技术人员、管理人员不可多得的好参谋、好帮手。

祝大家学用相长，读书愉快！

赵兴永

中国农业大学动物科技学院

前 言

几千年来，我国养鸡一直都采用松散、自由、随意的方式，而且禽产品一直很受欢迎。随着西方家禽育种及其配套技术百余年的发展与我国改革开放后的全面引进，人们发现养鸡原来可以工厂化生产，相当于以饲料为原料的肉类加工厂，40 日龄鸡的料肉比一度降到2∶1，甚至极端的1.5∶1。因为新型疫病的传播与相对成本增加，所以一家一户的传统散养越来越少。但这样的情况经过30 多年的演变之后，人们开始寻求回归，突然发现大榆山村王大爷养的大公鸡味道真鲜美，八里洼庄马大娘拿着小篮子在集市上卖的小鸡蛋才有纯正的鸡蛋味。

在此背景下，果园林地养鸡又重新被推上舞台，但不再是小家小户养殖三五只鸡，而是重新结合新型品种和现代养殖技术来进行养殖。本书从以下几个方面对此进行了介绍：第一章首先让大家对果园林地养鸡有一个初步认识；第二章针对当前现状提醒广大养殖户如何选择合适的品种进行放养；然后用6 章的篇幅分别介绍了营养与饲料、场址选择和鸡舍设计、常用设备用具、育雏期的饲养管理技术、放养期的饲养管理技术、疾病防治技术；最后一章提供了蛋鸡、肉鸡、肉蛋兼用型鸡放养的成功案例，为广大读者提供最直观的参考。

本书图文并茂，力争用最简洁的语言说明问题。感谢国家蛋鸡产业技术体系专项资金（CARS-40-S12）、山东省农业重大应用技术创新项目（编号：鲁财农〔2016〕36 号）、济南市农业科技创新计划项目（编号：201608）与济南市社会民生重大专项项目（编号：201509003-2），为本书的资料查询、数据调研及照片拍摄提供了经费保障；感谢山东省农业科学院家禽研究所各位同事、山东畜牧兽

医职业学院各位老师以及山东省畜牧总站的各位同仁，各位在本书写作过程中或提供思路，或提供图片，或修改格式，均为本书的成稿做出了贡献，在此深表感激。

需要特别说明的是，本书所用药物及其使用剂量仅供读者参考，不可照搬。在生产实际中，所用药物学名、常用名与实际商品名称有差异，药物浓度也有所不同，建议读者在使用每一种药物之前，参阅厂家提供的产品说明，以确认药物用量、用药方法、用药时间及禁忌等。购买兽药时，执业兽医有责任根据经验和对患病动物的了解决定用药量及选择最佳治疗方案。

尽管编者团队几经修改，但限于编写水平，书中仍有许多不如意之处，请各位读者批评指正。

编　者

目　录

第一章

认识果园林地养鸡

第一节 果园林地养鸡的基本情况

果园林地养鸡是指鸡群以采食果园林地的野生自然饲料为主、人工科学补料为辅，严格控制化学药品和饲料添加剂的使用，通过科学的饲养管理技术，实现传统养殖和现代技术相结合的一项养鸡技术。果园林地养殖技术符合当前提倡的循环农业，绿色养殖的导向，但是由于多种原因，该技术仍然受到很多因素的制约。

我国具有丰富的林地资源，如何有效利用这一巨大资源，增加林地收益，是新时期农村建设的重要议题。利用林地、果园等进行养鸡，既合理利用了果园、林地资源，又解决了传统养鸡占地多、鸡病多、污染环境等制约舍内饲养的突出问题，同时果园林地养鸡技术能够使鸡群在新鲜的空气中自由觅食、运动，回归了自然本性，且鸡群经过选育，并辅以良好的养殖条件和全价日粮科学补饲，生产性能大大提高，市场前景广阔。

第二节 果园林地养鸡的优势

1. 除草灭虫，节省饲料

鸡有采食青草和草籽的习性，果园林地养鸡对果园林地中的杂草有抑制和消除作用。据试验，每亩㊀地果园林地放养20只鸡，杂草生长量比不散养鸡的果园少80%左右，如果增加养鸡数量，杂草

㊀ 1亩≈666.7m^2。

会更少。鸡在果园林地里觅食，可吃掉果园地面和草丛中的绝大部分害虫，从而减轻果树虫害，提高果品的产量和质量。同时，天然饲料能够满足鸡自身的营养需要，不仅节约了饲料，而且促进了鸡的生长和肉质的提高。

2. 增加土壤肥力，减少肥料投入

鸡粪中含有氮、磷、钾等果树生长所需的营养物质，一般一只鸡一年的鸡粪中含氮肥900g、磷肥850g、钾肥450g。按每亩果园养20只鸡计算，就相当于施入氮肥18kg、磷肥17kg、钾肥9kg，既提高了土壤肥力，又减少了肥料成本。

3. 增强鸡群体质，减少疾病发生

果园林地中空气新鲜，水源清洁，可避免和减少其他鸡群病原的互相传染，降低鸡的死亡率。但果园林地养鸡一定要做好免疫工作。

4. 鸡肉品质好，味道鲜美

果园林地养鸡，鸡群活动范围较广，机体得到锻炼，肌肉脂肪和水分较少，味道鲜美，加之人们对食品安全的重视，果园林地养鸡用药少，药物残量较低，所以市场销路较好，经济效益比普通鸡要高出许多。

第三节 果园林地养鸡生产中存在的问题

1. 难以购买到纯种土鸡，雏鸡质量参差不齐

果园林地养鸡以土鸡为主。我国地方品种鸡资源丰富，全国每个省基本都有自己的当地品种，丰富的地方资源品种为研究我国地方品种鸡提供了很好的资源基础。但是纯正的土鸡品种越来越少，很多地方纯种土鸡没有经过系统选育，已经严重退化，或者杂交退化严重，因此购进的鸡苗品种差、品种杂，多是严重退化的品种。另外，土种蛋鸡的生产性能普遍偏低，一只鸡的年产蛋量在150枚左右，蛋重45~53g，产蛋期饲料转化率为（3.2~4.2）:1，部分土种蛋鸡生产性能较好，比如浙江的仙居鸡、江西的白耳黄鸡、山东的汶上芦花鸡和海南的文昌鸡等，年产蛋量达180多枚。受传统观念影响，养殖户仍然认为到农户家收集的土鸡品种较纯，所以选购鸡苗时就地取材，到农户家收购鸡蛋，集中孵化。

2. 难以做到优质优价

（1）缺乏质量技术标准　目前针对土鸡蛋市场，国家和相关部门没有制定专门的质量技术标准。人们普遍将绿壳鸡蛋、粉壳鸡蛋或鸡蛋个头小（40～50g）的统称为土鸡蛋或仿土鸡蛋。消费者无法判断哪种鸡蛋为土鸡蛋，仅通过肉眼观察专业人士也很难判断。因为很多高产品种，特别是产粉壳蛋的品种在产蛋初期，产下的鸡蛋与土鸡蛋特别相似，无论是从颜色还是形状、大小来看都无法区别。为此，很多养殖户就把初产粉壳蛋冒充土鸡蛋来销售。

（2）概念蛋名目繁多　土种蛋鸡指的地方品种，但是目前地方品种鸡的叫法名目繁多，各个地方土鸡蛋的包装（图1-1）也是五花八门，大都冠以“农家、散养、无公害、绿色、土鸡蛋、柴鸡蛋、笨鸡蛋”等字样，而真正的散养鸡蛋实际并没有这么多，土种蛋鸡也根本达不到社会需求量。多数是产粉壳蛋高产蛋鸡的开产蛋，部分是地方品种标准化养殖蛋。

图1-1　土鸡蛋包装

3. 饲养管理落后

（1）标准化程度低　果园林地养鸡产业进入门槛低，生产规模小，标准化程度低，相对于高产蛋鸡（引进品种），土种蛋鸡产业仍然处于劣势。2012年我国鸡蛋产量为2320万t，其中高产蛋鸡所产的鸡蛋量占总量的90%以上，只有不足10%的产量来自土种蛋鸡。由此看来，相对于目前国家推广的标准化规模养殖，土种蛋鸡饲养

规模小，标准化程度低，大都处于庭院式饲养或分散养殖状态。购进鸡苗后，直接将其放到山坡上散养，没有育雏室等设施，饮水和喂食都很随意，缺乏一整套科学的管理制度。林间山地散养鸡的天敌较多，如果没有做好防范，遇到天敌往往损失严重。

（2）人员素质有待提高 目前很多养殖场的经营人员多数由外行转入，人员素质和水平参差不齐，很多果园林地养鸡场甚至没有配备专业的技术人员，养殖员缺乏专业技术，管理水平低。

（3）具体饲养管理不到位 不能严格实行全进全出制度，有的养殖场随意购置鸡苗，甚至不从正规的种禽场采购，导致购入劣质鸡，饲养起来特别困难；有的养殖场只注重防疫和投药，不重视消毒，不能做到无害化处理；有的养殖场不能做到封闭式管理，人员随意进出，有的还让收购鸡的人员随意进入鸡场购买鸡，这些都会带来严重的防疫风险。

（4）环境影响难以消除 目前，受当地条件限制，很多果园林地养殖区也未能达到养殖的防疫要求，存在传播疾病的风险。另外，由于农药的普遍使用，有的地方定期喷施除草剂，喷洒农药，导致鸡群农药中毒。

4. 疫病仍然多发

很多养殖户随意养殖，管理不到位，没有建立一套完整的防疫措施，一旦疫病流行，往往来不及控制，损失惨重。同时受自然环境条件特别是温度条件的影响较大，如果遇到夏季高温、冬季严寒，鸡的成活率往往不高。由于土鸡没有经过系统的选育，其垂直传染疾病感染比较严重。特别是鸡白血病、鸡白痢等蛋传性疾病。针对白血病，山东农业大学崔治中教授对全国部分种鸡场进行了血清学流行病学调查。结果表明，在调查的6个省的28个地方鸡种中，有22个地方鸡种的鸡白血病A、B抗体呈阳性，23个地方鸡种的鸡白血病J抗体呈阳性，这说明鸡白血病感染在我国地方鸡中已经非常普遍。

第四节 果园林地养鸡投产期的调研准备

1. 进行充分的市场调查

市场调查是用科学的方法，对一定范围内的养鸡数量、产品需

求状况、价格、经营利润情况等信息进行有目的、有计划、有步骤地搜集、记录、整理与分析，为经营管理部门制定政策及进行科学的经营决策提供依据。

市场调查的内容包括市场环境调查、自然地理环境调查、社会环境调查、市场供给调查、市场需求调查、市场价格调查、饲料资料调查等，目的是准确把握行业的发展规律，合理组织生产。养殖场的管理与决策人员要有较强的市场意识和对信息准确把握的能力，认识到养鸡生产有其自身的市场波动规律。

2. 选择合适的鸡品种

选择合适的鸡品种，提高鸡群质量，对于一个养殖企业来说，这是提高养殖经济效益的重要措施之一。但需要注意的是，不同的地区，饲养的品种不同，这些经过精心培育的品种，在相应的条件下，都能取得较好的生产成绩，但由于中国国土面积大，各地的气候条件不同，环境不一，不同的品种鸡在不同地区表现各异。

3. 储备相应的专业知识，减少不必要成本支出

加强对鸡场养殖环境的改造，从鸡场布局、排污、环境控制等方面入手，实施育雏、育成、产蛋、办公分区管理；配套乳头式饮水器，解决鸡的饮水卫生问题；夏季重点注意通风，使用湿帘降温技术，充分发挥良种鸡的生产潜力。

注意养殖的每一个细节，平时注重对笼具、用具和容器做好维修和养护，延长其使用年限，降低养殖成本，以获得较高的周期养殖经济效益。把握适度规模，提高设施利用率，在生产管理上制订周密的鸡群周转计划，尽可能提高鸡舍利用率，不要因暂时亏损而轻易停止周转，特别需要注意的是，在计算鸡群的盈亏临界线时，若无新母鸡群补充，可以暂时不计算产品的固定成本，而以可变成本为主，维持饲养人员工资及水电支出。

第二章 鸡品种的选择

果园林地养鸡应以土鸡为主，土鸡是优良的地方品种，土鸡多数体型小巧，反应灵敏，活泼好动，能够适应当地的气候与环境条件，耐粗饲，抗病力强，适合放养。由于我国地域面积广阔，地形复杂，形成繁多的地方鸡品种，如芦花鸡、百日鸡、三黄鸡、狼山鸡、仙居鸡、斗鸡、麻鸡等120多个品种。多数品种为轻型蛋鸡，具有体型小、毛色美观的特点。而人们平常所说的地方柴鸡是广义上的柴鸡，即土杂鸡，也叫本地鸡、草鸡、小笨鸡，是一些杂种柴鸡，没有固定的羽色、体型等品种特征。由于品种间相互杂交，因而鸡的羽毛色泽有黑、红、黄、白、麻等，脚的皮肤也有黄色、黑色、灰白色等，体形特征不一致，生产性能各异。

第一节 散养鸡的主要品种

果园林地养鸡以放牧为主，应当选择适宜放牧、抗病力强的土鸡或土杂鸡等地方优良品种，如北京油鸡、桃源鸡、仙居鸡、固始鸡、肖山鸡、庄河鸡、三黄鸡、杏花鸡、阳山鸡、清远麻鸡、三黄胡须鸡、中山沙栏鸡、信宜怀乡鸡、广西鸡、济宁百日鸡、汶上芦花鸡、鲁西斗鸡、寿光鸡、白耳黄鸡等；改良培育品种有山东省农业科学院家禽研究所培育的鲁禽1号、鲁禽3号麻鸡，广东温氏集团培育的黄羽肉鸡系列，中国农业科学院畜牧研究所培育的京星黄羽肉鸡等。以上这些品种主要以肉用为主。以蛋用为主的主要有上海家禽育种有限公司培育的新杨系列、江苏省家禽科学研究所培育的苏禽系列等。这些品种耐粗饲、抗病力强，虽然生长速度较慢、饲料报酬低，但肉质鲜美、价格高、利润大，应作为果园林地饲养的首选品种。

一、肉蛋兼用型品种

肉蛋兼用型品种主要是以肉用为主的地方品种，主要有北京油鸡、清远麻鸡等。

（一）北京油鸡

北京油鸡（图2-1）是北京地区特有的优良品种。北京油鸡是优良的肉蛋兼用型地方鸡种，具有特殊的外貌，即“三羽”（凤头、毛腿和胡子嘴），肉质细致，肉味鲜美，蛋质优良，生活能力强，遗传性稳定。

图2-1 北京油鸡

1. 体型外貌

北京油鸡的体躯中等，羽色有两种，其中羽毛为赤褐色（俗称紫红毛）的鸡，体型较小，而羽毛呈黄色（俗称素黄毛）的鸡，体型略大。初生雏鸡全身披着浅黄或土黄色绒羽，冠羽、胫羽、髯羽也很明显，体浑圆，十分惹人喜爱。成年鸡的羽毛厚密而蓬松。北京油鸡具有冠羽（凤头）和胫羽（毛腿），不少个体的颌下或颊部生有髯须（胡子嘴），因此，人们常将这“三羽”看作北京油鸡的主要外貌特征。

该鸡种头较小，冠、肉垂、脸、耳叶均呈红色。冠型为单冠，冠叶小而薄，在冠叶的前段常形成一个小的“S”状褶曲，冠齿不甚整齐。具有髯羽的个体，其肉垂很少或全无。喙和胫呈黄色，喙的尖部微显褐痕。少数个体分生五趾。赤褐羽油鸡，羽色深褐，冠羽

大而蓬松，常将眼睛遮住，黄羽油鸡的羽色则呈浅黄或土黄色。

2. 生产性能

北京油鸡的生长速度缓慢。其初生平均体重为38.4g，4周龄平均体重达220g，8周龄平均体重为549.1g，12周龄平均体重为959.7g，16周龄平均体重为1228.7g，20周龄的公鸡平均体重为1500g，母鸡平均体重为1200g。另外，该鸡采食量较少，从初生到8周龄，平均每只日采食量尚不足30g。

（二）清远麻鸡

清远麻鸡（图2-2）原产于广东省清远县（现清远市）。因母鸡背侧羽毛有细小黑色斑点，故称麻鸡。它以体型小、皮下和肌间脂肪发达、皮薄骨软而闻名，为我国活鸡出口的小型肉用名产鸡之一。

图2-2 清远麻鸡

1. 体型外貌

清远麻鸡属肉用型品种，体型特征可概括为“一楔”“二细”“三麻身”。“一楔”指母鸡体型像楔形，前躯紧凑，后躯圆大；“二细”指头细、脚细；“三麻身”指母鸡背羽面主要有麻黄、麻棕、麻褐三种颜色。公鸡颈部长短适中，头颈、背部的羽为金黄色，胸羽、腹羽、尾羽及主翼羽为黑色，肩羽、蓑羽呈枣红色。母鸡颈部长短适中，头部和颈前1/3的羽毛呈深黄色。背部羽毛分黄、棕、褐三色，有黑色斑点，形成麻黄、麻棕、麻褐三种颜色。单冠直立。胫趾短细，呈黄色。

2. 生产性能

农家饲养以放牧为主，在天然食饵较丰富的条件下，生长较快，

120日龄的公鸡体重为1250g，母鸡为1000g，但一般要到180日龄体重才能达到上市要求。在营养搭配较合理的情况下，生长速度会有所提高。公鸡和母鸡的平均体重，35日龄可达309g，84日龄达951g，105日龄达1157g。羽毛生长速度方面，个体间有差异，一般母鸡在80日龄时羽毛已丰满，公鸡则要延至95日龄以上。

二、蛋肉兼用型品种

蛋肉兼用型品种主要是以蛋用为主的地方品种，主要有汶上芦花鸡、济宁百日鸡、仙居鸡、白耳黄鸡。

（一）汶上芦花鸡

蛋肉兼用型品种以芦花鸡为特色。汶上芦花鸡（图2-3）原产地和中心产区为山东省汶上县，主要分布于汶上县及相邻的梁山、任城、嘉祥、兖州等县市（区），横斑芦花羽。其抗逆性强，繁殖性能高（高产个体72周龄产蛋量超200枚），居我国地方品种前列。

图2-3　汶上芦花鸡

1. 体型外貌

该品种的芦花鸡羽色为显性、伴性性状，是良好的育种素材。雏鸡绒羽以黑色为主，头顶白斑，公雏的白斑略大，面部、颈部、腹部绒羽呈白色或浅黄色，喙、胫、趾为浅青色。成年鸡单冠为主，偶见复冠。公鸡冠齿多数为8～10个，母鸡多数为5～7个。冠、肉垂及耳叶呈红色。虹彩橘红色。前躯稍窄，后躯丰满，尾羽高翘。

体躯羽毛为黑白相间的横斑芦花羽，公鸡少数个体颈羽和鞍羽稍带红色镶边，母鸡主翼羽呈黑色或灰黑色，羽色稍深，羽毛紧密。喙为浅黄色，胫、趾以白色为主，少数为黄色。皮肤为白色。

2. 生产性能

根据汶上芦花鸡农业行业标准（NY/T 2832—2015）显示，汶上芦花鸡5%开产日龄为145～149d，66周龄入舍母鸡产蛋数为167～209枚，43周龄蛋重43.7～48.4g，受精率为89%～94%，受精蛋孵化率为88%～92%。43周龄公鸡体重为1740～2070g，母鸡体重为1450～1720g；屠宰率，公鸡为88.9%～92.6%，母鸡为89.8%～94.8%；公鸡半净膛率为83.9%～87.6%，母鸡为76.8%～82.1%；公鸡全净膛率为69.2%～73.0%，母鸡为62.4%～66.9%。

（二）济宁百日鸡

1. 体型外貌

济宁百日鸡（图2-4）体型小而紧凑，体躯略长，头尾上翘，背部呈U形。多为平头，凤头较少。喙以黑灰色居多，其尖端为浅白色，少数呈白色、黑色或栗色。单冠直立，冠、肉髯呈红色。虹彩呈橘黄色或浅黄色。皮肤多呈白色。胫呈铁青色或灰色，少数个体有胫、趾羽。

图2-4　济宁百日鸡

公鸡体型略大，以红羽个体居多，黄羽次之，杂色甚少。红羽公鸡的尾羽呈黑色，有绿色光泽。母鸡羽毛紧贴，有麻、黄、花等羽色，以麻羽居多。麻羽母鸡的头、颈部羽毛呈麻花色，其羽面边缘呈金黄色，中间有灰色或黑色条斑，肩部羽毛和翼羽多为深浅不一的麻色，主、副翼羽末端及尾羽多呈浅黑色或黑色。雏鸡绒毛呈黄色，部分背部有黑色绒毛带。

2. 生产性能

据2007年济宁市畜牧局调查统计，济宁百日鸡开产日龄为100~120d，平均开产体重为1125g，年产蛋数180~190枚。平均蛋重42g，公母配比一般为1:(10~15)，平均种蛋受精率为93%，平均受精蛋孵化率为96%，就巢率为5%~8%，适合散养（图2-5）。

图2-5 散养济宁百日鸡

（三）仙居鸡

仙居鸡（图2-6）又称梅林鸡，属于小型蛋肉兼用型品种，主产于浙江省仙居县及邻近的临海、天台、黄岩等地，分布于浙江省东南部，2000年被列入国家级畜禽品种资源保护品种。

1. 体型外貌

仙居鸡有黄、黑、白三种羽色，以黄色多见。公鸡羽呈黄红色，梳羽、蓑羽色较浅有光泽，主翼羽红色夹黑色，镰羽和尾羽均呈黑色。母鸡羽色较杂，以黄色为主，颈羽颜色较深，主翼羽呈半黄半黑色，尾羽呈黑色。雏鸡绒羽呈黄色，但深浅不同，间有浅褐色。全身羽毛紧贴，结构紧凑，体态匀称，头昂胸挺，尾羽高翘，背平直，骨骼细致，反应敏捷，易受惊吓，善飞跃。头大小适中，颜面清秀。喙呈黄色或青色。肉髯薄，中等大小，鲜红色。耳叶呈椭圆形。眼睑薄。虹彩呈橘黄色，也有金黄色、褐色和灰黑色。单冠，冠齿5~7个。公鸡冠直立，高3~4cm。母鸡冠矮，高约2cm。皮肤呈白色或浅黄色。胫、趾呈黄色或青色，以黄色居多。

图 2-6 仙居鸡

2. 生产性能

仙居鸡平均体重：初生为 33g；30 日龄公鸡为 142g，母鸡为 113g；60 日龄公鸡为 403g，母鸡为 279g；90 日龄公鸡为 668g，母鸡为 495g；120 日龄公鸡为 985g，母鸡为 684g；180 日龄公鸡为 1257g，母鸡为 935g；成年公鸡为 1440g，母鸡为 1250g。180 日龄公鸡平均半净膛屠宰率为 82.70%，母鸡为 82.96%；180 日龄公鸡平均全净膛屠宰率为 71.00%，母鸡为 72.22%。

母鸡平均开产日龄为 184d。平均年产蛋 213 枚，高者达 269 枚，平均蛋重 46g。平均蛋壳厚度 0.30mm，平均蛋形指数为 1.36。公母鸡配种比例 1:（16～20）。平均种蛋受精率为 94.3%，平均受精蛋孵化率为 83.5%。母鸡利用年限为 1～2 年。

（四）白耳黄鸡

白耳黄鸡又称三黄白耳鸡、白耳鸡（图 2-7），以其全身披黄色羽毛、耳叶白色而得名。它是我国稀有的白耳鸡种，原产地在江西省上饶市的广丰、上饶、玉山三县，现分布在江西众多县市和浙江省江山等地。2000 年被列获得入国家级畜禽品种资源保护名录，2005 年作为亚洲第二例活体动物获得国家地理标志产品保护。

图 2-7　白耳黄鸡

1. 体型外貌

白耳黄鸡外貌表现为“三黄一白”，即黄羽、黄喙、黄脚、白耳。耳叶大，呈银白色，似白桃花瓣。全身羽毛呈黄色。初生雏鸡的绒羽以黄色为主。体型矮小，体重较轻，羽毛紧密，后躯宽大。公鸡体躯呈船形。喙略弯，呈黄色或灰黄色，有时上喙端部呈褐色，虹彩呈金黄色。母鸡体躯呈三角形，头部羽毛短，呈橘红色，结构紧凑。喙呈黄色，有时喙端呈褐色，虹彩呈橘红色。公鸡单冠直立，冠齿有 4～6 个。肉髯软，薄而长。冠、肉髯呈鲜红色。母鸡单冠直立，冠齿有 6～7 个，少数母鸡性成熟后冠呈倒伏。冠、肉髯呈红色。皮肤、胫呈黄色，无胫羽。

2. 生产性能

白耳黄鸡的平均体重：初生为 37g；30 日龄为 144g；60 日龄公鸡为 435g，母鸡为 411g；90 日龄公鸡为 735g，母鸡为 599g；成年公鸡为 1450g，母鸡为 1300g。成年公鸡平均半净膛屠宰率为 83.33%，母鸡为

85.25%；成年公鸡平均全净膛屠宰率为76.67%，母鸡为69.76%。

母鸡平均开产日龄为151d。平均年产蛋180枚，平均蛋重53g。平均蛋壳厚度为0.36mm，平均蛋形指数为1.37。蛋壳呈浅褐色。公鸡性成熟期为110～130d。公母鸡配种比例为1:(12～15)。平均种蛋受精率为92.12%，平均受精蛋孵化率为94.29%。母鸡利用年限为1～2年。

三、肉用型品种

(一) 鲁禽1号、3号麻鸡配套系

鲁禽1号、3号麻鸡配套系由山东省农业科学院家禽研究所培育。根据我国肉鸡业的发展趋势，以琅琊鸡等地方优良品种为育种素材，培育专门化品种（系）5个（其中合成系3个）。通过配合力测定，筛选出两个配套系分别作为鲁禽系列优质肉鸡配套系的优质型（鲁禽1号）和高档优质型（鲁禽3号）。

鲁禽1号麻鸡配套系（图2-8）1～19周龄的成活率为95%，父母代种鸡平均开产日龄为146d，28周龄达产蛋高峰，高峰产蛋率为84%；66周龄入舍母鸡平均产蛋179枚，平均产雏鸡153只；商品代鸡10周龄平均体重为1772g，料肉比为2.42:1。鲁禽3号麻鸡配套系（图2-9）1～19周龄的成活率为94%；父母代种鸡平均开产日龄为144d，29～30周龄达产蛋高峰，高峰产蛋率为83%，66周龄入舍母鸡平均产蛋182枚，平均产雏鸡155只；商品代鸡13周龄体重为1771g，料肉比为3.4:1，成活率为97%。

图2-8　鲁禽1号麻鸡配套系

图 2-9　鲁禽 3 号麻鸡配套系

（二）京星黄鸡

京星黄鸡（图 2-10）是由中国农业科学院畜牧研究所培育出的优质肉鸡新品系。

图 2-10　京星黄鸡 100、102 配套系

京星黄鸡 100 配套系 1～20 周龄的成活率为 94%～97%，父母代种鸡平均开产日龄为 154d，20 周龄母鸡平均体重为 1600g，24 周龄达产蛋高峰，高峰产蛋率为 83%，66 周龄入舍母鸡平均产蛋 183 枚，平均产雏鸡 140 只；商品代鸡 60 日龄公鸡平均体重为

1500g，料肉比为2.10∶1，80日龄母鸡平均体重为1600g，料肉比为2.95∶1。京星黄鸡102配套系1～20周龄的成活率为94%～97%；父母代种鸡平均开产日龄为168d，20周龄母鸡平均体重为1720g，30周龄达产蛋高峰，高峰产蛋率为80%，66周龄入舍母鸡平均产蛋163枚，产雏鸡127～132只；商品代鸡50日龄公鸡平均体重为1500g，料肉比为2.03∶1，63日龄母鸡平均体重为1680g，料肉比为2.38∶1。

第二节　散养鸡品种选择的依据

果园林地养鸡所选品种要根据果园林地放养的适应性和市场需求来确定。蛋肉兼用型鸡可选年产蛋130～200枚，个体偏小的地方土鸡或土杂鸡较为适宜，如汶上芦花鸡、济宁百日鸡等。若以肉用型鸡为主，宜选个体中等偏大、肉质细嫩味美的土鸡或土杂鸡，如京星黄鸡、鲁禽1号麻鸡、鲁禽3号麻鸡等。特大型鸡不适宜林地养殖。

林地的选择对于培育优质鸡有着十分重要的作用。不同用途的林地，在选择时要有所侧重。选择林冠较稀疏，冠层较高，树林荫蔽度在70%左右，透光和通气性能较好，且林地杂草和昆虫较丰富的成林较为理想（图2-11）。树林枝叶过于茂密，遮阴度大的林地，以及苹果、桃、梨等鲜果林地不适合养鸡。因为树林枝叶过于茂密，遮阴度大的林地透光效果不好，不利于鸡的生长；苹果、桃、梨等

图2-11　理想的林地

鲜果林地在挂果期会有部分果子自然掉落，随后腐烂，鸡吃到腐烂的水果后易引起中毒。选择排水良好，通风向阳，树、藤木龄在2年以上的林地为宜，要有搭建棚舍的地形条件，鸡舍坐北朝南，鸡舍和运动场地地势应比周围稍高，倾斜度以10°~20°为宜，树枝应高于鸡舍门窗，以利于鸡舍空气流通。

果园每养一批鸡要间隔一段时间再养。每养完一批鸡，果园要空闲一段时间，此期间需另找一片果园饲养，这就是果园的轮牧饲养方式。同时要对园地适当轮作草本类作物，供鸡食用。草地养鸡，以自然饲料为主，生态环境优良，饲草、空气、土壤等基本没有污染。放养区修建棚舍，主要用于夜间补料和栖息，白天遮阳、躲风、避雨，补充饲料和光照用。放养区四周修建围栏，用铁丝网、尼龙网或竹篱笆围住，防止土种蛋鸡外逃和野兽入侵。放养期间，应有专人看管，防止意外发生。放养区内严禁喷洒剧毒农药，防虫治病应该选用高效低毒农药，用药后间隔5d以上才可以进行放养。

一、林地养殖蛋肉兼用型品种

如果林地养殖的鸡主要用来卖土鸡蛋，后期产蛋率降低，或者鸡的毛色相对不光亮时，可以选择纯种地方品种或培育高产土种蛋鸡品种，比如汶上芦花鸡（图2-12）、北京油鸡等，这些品种在地方品种中相对高产，并且产蛋后期肉质鲜美，适于相对茂密，有一定生产年限的林地。雏鸡的来源有二：一是用收购的种蛋孵化；二是买混合雏。母鸡用于产蛋，公鸡放养育肥后上市。

图2-12　林地散养蛋肉兼用型土鸡

二、林地养殖肉蛋兼用型品种

如果以肉用为主，宜选择生长速度适中的黄羽、麻羽肉鸡，可

分为快速型、中速型和慢速型三种类型的优质肉鸡。

1. 快速型优质肉鸡

快速型优质肉鸡主要有岭南黄鸡配套系（图2-13）。

图2-13　林地散养岭南黄鸡

2. 中速型优质肉鸡

中速型优质肉鸡主要有鲁禽3号麻鸡、金陵黄鸡等。鲁禽3号麻鸡（图2-14）抗病性、适应性强，耐粗饲，可以采用放牧饲养的管理方式，放牧场地可以是山地、果园、速生林地等，让鸡多采食昆虫、嫩草、树叶、草根等野生资源，不仅节约饲料，而且提高肉质风味。

图2-14　林地散养鲁禽3号麻鸡

金陵黄鸡由广西金陵养殖有限公司培育（图2-15），是适合我国南方各省市农村消费需求的中速型优质肉鸡，商品代羽毛呈黄色，肉质较好，适应性强，屠体美观。

图2-15　金陵黄鸡

第三章

营养与饲料

第一节　鸡的消化系统

鸡的消化系统由消化管和消化腺组成。消化管包括口咽部、食管和嗉囊、胃、肠、泄殖腔和肛门。消化腺包括唾液腺、胃腺、肠腺、肝脏和胰腺，如图 3-1 所示。

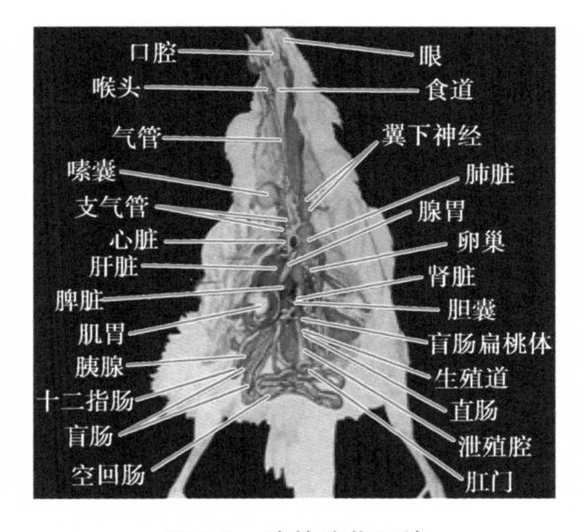

图 3-1　鸡的消化系统

一、口咽部

鸡的口腔和咽部直接相通，中间无软腭进行间隔，统称为口咽部。鸡口腔内无牙齿，所以不会咀嚼食物，饲料在口腔中经唾液湿润，靠舌的协调作用很快进入食管。鸡无唇，口咽部的前段是由上、下颌发育成的上、下喙，被覆角质层，为鸡的采食器官。鸡的喙为

三角锥形，这样的形状有利于采食，在散养鸡上表现更为明显，能够撕裂较大的食物和啄食颗粒状食物。

二、食管和嗉囊

鸡的食管宽大、富有弹性，一般将其分为两部分，即颈段食管和胸段食管。鸡的食管在胸前口处有一膨大，称为嗉囊。食管仅是饲料通道，无消化腺。嗉囊有临时贮存和浸软食物的作用。由于鸡不属于逆呕动物，一旦发生食物中毒，无法进行催吐，故不宜使用催吐剂排毒，而应该施行嗉囊切开术。

三、胃

鸡的胃分为腺胃和肌胃前后两部分。

腺胃为食管末端的膨大部，呈纺锤形，位于腹腔的右侧、两肝叶之间；腺胃前面为贲门，通食管，后接肌胃，所以腺胃也叫前胃。肌胃是禽类特有的消化器官，呈椭圆形双凸透镜状，位于腹腔的偏左侧，又称砂囊、肫、鸡胗，通过幽门与肠道连接。肌胃不分泌消化液，其主要功能是磨碎食物、方便消化，从而弥补了鸡没有牙齿的缺陷，肌胃内常储有沙砾、小石子，辅助完成此功能。

四、肠

鸡的肠道长度与体长的比值比家畜等哺乳动物小，仅为其体长的6~7倍。与家畜相比，鸡的营养代谢率更高，虽然因品种、个体、日龄、环境影响等因素会造成个体差异，但均比家畜的营养代谢快。散养鸡的食糜流通和消化速度比笼养蛋鸡慢，需要12h，而笼养蛋鸡仅需2h。散养鸡消化谷物需要11~15h，其他食物通过消化道经4~5h就有半数经泄殖腔排出。全部食物通过仅需17~20h，而单纯饮水后，只需40min便可通过消化道。

鸡的肠道可分为小肠和大肠两部分。小肠又分为十二指肠、空肠和回肠。鸡的十二指肠始于幽门，向后延伸形成降袢，然后再折返回来，形成升袢。两袢之间为胰腺。十二指肠后接空肠。

小肠的主要功能是进行消化、吸收。小肠绒毛的壁很薄，只有一层上皮细胞，而且绒毛中有丰富的毛细血管和毛细淋巴管，这种结构特点有利于小肠吸收营养物质，所以小肠是吸收的主要器官。

大肠分为盲肠和直肠。盲肠左右各一个，具有消化纤维和少量蛋白质及碳水化合物，吸收含氮物质和水分的功能。直肠很短，肠黏膜上的短绒毛有吸收水分的功能。

五、泄殖腔

泄殖腔为排泄粪尿、射精或产蛋的共同开口，分前、中、后三部分，前部为粪道，与直肠相通，中部为泄殖腔，是输尿管、输精管或输卵管的开口处，后部为肛道，肛道向后通肛门，消化道经肛门与外界相通。

六、肝　脏

鸡的肝脏分左、右两叶，大小相似，右叶肝管与胆囊相连，胆管通向十二指肠末端，左叶肝管直接通入十二指肠末端。肝脏可分泌胆汁，胆汁为酸性，胆汁内不含消化酶，其主要作用是中和食糜的酸性并使脂肪乳化而促其开始消化。胆汁贮存于胆囊中，经胆管注于十二指肠末端。

七、胰　腺

胰腺位于十二指肠袢处，为一长条分叶状的浅黄色腺体。鸡有3条胰腺导管，与胆管一起开口于十二指肠末端。胰腺可分泌胰液，胰液沿胰管进入十二指肠，胰液所含的5种强大的酶就在十二指肠中帮助消化淀粉、脂肪和蛋白质，胰液还可中和腺胃分泌物的酸性。

第二节　散养鸡的采食要求

与笼养鸡相比，散养鸡饲养密度小，活动范围大，有着很高的自由度，能够充分接触周围环境，并进行自由采食。国内的散养鸡

一般采用品质优良的地方品种，而较少选择专门的肉鸡或蛋鸡品种，这在很大程度上保证了散养鸡适应性强、善于奔跑、耐粗饲、自主觅食能力强等优点。

一、引导自主觅食

散养鸡可以从地面、土壤、植物甚至树上自主觅食各种昆虫及植物的根、茎、叶等，补充鸡生长所需的各种矿物质元素和其他一些营养物质（图3-2）。散养鸡在觅食过程中不仅采食植物的叶子、多汁的茎部、富含营养的籽实等地上部分，而且能够啄出植物的根等地下部分，采食营养丰富的可食部位，在此过程中会把杂草等小型地面植被除掉，甚至寸草不留。

图3-2 散养鸡自主觅食

散养鸡可以说是杂食类动物，食谱范围很广，不仅采食植物，还擅长捕食各类昆虫，地上爬的、擅长弹跳的、空中飞行的，都是鸡的捕食对象，即使是长期生活在地下的昆虫也逃不过鸡锐利的爪子和喙，人们完全可以利用这一点在菜园、林地进行灯光诱虫，灭虫的同时还补充了鸡生长所需的动物蛋白质；鸡在采食地下食物的同时还帮助进行翻土，排泄的粪便还可增强地力。

二、需精料补充

散养鸡虽然可以从外界自主觅食，但并不能满足其生长所需的营养。作为规模养殖的散养鸡，仍然需要人工提供的玉米、豆粕、小麦等作为补充饲料，同时注意蛋白质均衡，恰当添加微量元素（图3-3）。尤其在育雏阶段，应根据鸡代谢能力强、生长旺盛、温度适应能力差、免疫力低等特点，为其提供营养丰富的优质饲料，加强营养，打好基础，提高成活率。

图3-3　添加精料

三、灵活调整补饲方案

1. 根据野生饲料是否充足进行调整

在野生饲料比较充足时，每只鸡每天需要补饲30~50g，如果野生饲料不足，每只鸡每天需要补饲50~80g。通常在晚上鸡群回到鸡舍时进行补饲，按照每30只鸡一个料盒的比例，放置在鸡舍前。

2. 根据不同饲养阶段进行调整

育雏期补饲的时候，一般采用粉料拌水即可。育成期及以后，要根据鸡只会啄食不会咀嚼的采食特点采用颗粒状饲料进行补饲，经加工的颗粒饲料营养均衡且分布均匀，既方便采食，又利于消化吸收，可加快肠胃蠕动，提高消化吸收利用率。

3. 根据不同品种营养需要进行调整

比如肉用型散养鸡鲁禽1号、3号等，所需能量较高，配制饲料时需多添加能量饲料。以蛋用为主的散养鸡汶上芦花鸡、济宁百日鸡等，所需蛋白质较高，配制饲料时需多添加蛋白质饲料。如有条件，可对放养地的虫草营养进行测定及估测，从而作为补饲配方的依据。

第三节　散养鸡的营养需要

散养鸡与家畜相比，有许多不同之处：基础体温高，物质代谢旺盛，活动力强，生长快，维持消耗所占比例大，消化道短（仅为体长的6倍，猪为14倍，牛为20倍），虽然其饲料转化率高，但因饲料在消化道内停留时间短，因此在营养需要上按同样体重比家畜需要更多的能量、蛋白质、矿物质和维生素。土鸡的营养需要一般包括能量、蛋白质、矿物质、维生素和水等。

一、能 量

在鸡的生长过程中，各项活动包括呼吸、消化、运动、循环、排泄及调节体温等都需要消耗能量。能量通过饮食进行供应和补充，包括碳水化合物、脂肪。

碳水化合物是为鸡体提供能量的3种主要的营养物质中最廉价的。饲料中的碳水化合物包括无氮浸出物和粗纤维。无氮浸出物中的淀粉是鸡获取能量的主要来源，其价格便宜，来源丰富，适口性好，消化率高，是鸡的主要饲料，谷物是其主要来源。饲料中适量的粗纤维可促进鸡的肠蠕动，帮助消化，其含量一般控制在2.5%~5%，不宜过高，否则会降低其他养分的消化吸收率。

脂肪可以弥补鸡日粮中淀粉含量的不足，因脂肪的热能价值高，其所含热量为碳水化合物的2.25倍。通过试验，在肉用仔鸡和蛋鸡的日粮中加入1%~5%的脂肪，能提高饲料效率，提高肉鸡的重量和蛋鸡的产蛋量。正常情况下，鸡能自身合成十八碳以下的脂肪酸，亚油酸需要人工补给。玉米中含有足够的亚油酸，若不以玉米为主，则需要另外补给。

鸡能量的消耗大部分用在维持基础代谢等需要上，随着产蛋率、产肉性能的提高，对能量的需要则相应增加。一般体重越大，产蛋量越高，环境温度越低于适宜温度，所消耗的能量则越多。所以，保持鸡舍适当的温度，也能节约能量饲料。自由采食的鸡有按自身能量需要调节采食量的功能。在日粮配制中，若能正确掌握日粮中能量与蛋白质等营养物质的比例，可以提高饲料效率。

二、蛋白质

蛋白质是构成鸡体的基础成分，是鸡肉、鸡蛋、内脏器官、血液、激素、羽毛中最重要的组成成分，对维持鸡的生长发育，保证各种代谢活动，促进产蛋、产肉等起着非常重要的作用。

蛋白质由20余种氨基酸组成，含有碳、氢、氧、氮等物质。根据机体的需求，氨基酸分为非必需氨基酸和必需氨基酸。

（一）氨基酸的分类

1. 必需氨基酸（EAA）

必需氨基酸是指体内不能通过代谢合成，或者合成量不能满足需要，而必须通过外界摄入获取的氨基酸。

在不同生长发育阶段和不同的生产性能需要，对营养的需求也是有差别的。对于不同日龄的鸡而言，其必需氨基酸的种类也是不同的。在雏鸡阶段，必需氨基酸多达13种。随着日龄的增长，生长期的鸡必需氨基酸种类减少3种，而到了成年期，必需氨基酸则只需要8种即可满足需要。

2. 限制性氨基酸（LAA）

限制性氨基酸是指在体内完全不能合成而饲料原料中含量完全不能满足需要，只能通过单独添加才能满足机体需要的氨基酸。限制性氨基酸一旦缺乏，会直接影响其他氨基酸的利用率，影响机体生长。不同种类的动物，由于饲料摄入的不同，其限制性氨基酸的种类也是不同的。对于散养鸡来说，限制性氨基酸主要包括赖氨酸、色氨酸和蛋氨酸（表3-1）。

表3-1 常见饲料原料对散养鸡的限制性氨基酸顺序

饲料原料	第一限制性氨基酸	第二限制性氨基酸
玉米	赖氨酸	异亮氨酸
小麦	赖氨酸	精氨酸
麸皮	赖氨酸	异亮氨酸
豆粕	蛋氨酸	半胱氨酸
菜籽粕	色氨酸	蛋氨酸

饲喂蛋白质水平低的饲料时，通过添加限制性氨基酸，调节氨基酸平衡，可提高氨基酸的综合利用率，增强蛋白质的合成作用，促进鸡的生长发育及其产肉、产蛋等性能。

3. 非必需氨基酸（NEAA）

非必需氨基酸是指体内可以合成，不必通过饲料提供即可满足需要的氨基酸，包括丙氨酸、精氨酸、天门冬氨酸、胱氨酸、脯氨酸、酪氨酸等。常用的饲料原料如玉米、小麦、豆粕等是提供非必需氨基酸最经济、最有效的物质。

（二）谨防氨基酸中毒

氨基酸中毒是指饲料中某些氨基酸添加过量时，会引起鸡采食量下降，从而导致严重生长障碍的现象。氨基酸中毒在自然条件下不会发生，只有在使用合成氨基酸严重过量时才有可能发生。例如，在含酪蛋白的正常饲料中加入5%的蛋氨酸或赖氨酸或色氨酸或亮氨酸，或谷氨酸等，均可导致动物采食量下降和严重的生长障碍。而蛋氨酸添加过量的毒性尤为明显，这可能与蛋氨酸与其他氨基酸之间的颉颃作用有关。

（三）要注意氨基酸平衡

氨基酸平衡指的是饲料氨基酸之间比例与动物所需氨基酸之间比例的一致性程度。生产中，鸡饲料常以植物性饲料为主，而植物性饲料蛋白质的质量一般都比动物性饲料蛋白质差，禾谷类饲料必需氨基酸的含量远远满足不了动物的需要。以赖氨酸为例，动物性饲料蛋白质中赖氨酸含量占粗蛋白质的比例都在6%以上，而禾谷类通常只有4%左右。饲料必需氨基酸的不足或比例不当，将严重影响动物对蛋白质的利用，影响动物的生长速度或其他生产成绩。为了调节饲料中氨基酸的平衡，生产过程中需要添加人工合成氨基酸，如蛋氨酸、赖氨酸等，这两种氨基酸是玉米-豆粕型日粮的限制性氨基酸。通过添加合成氨基酸，可降低饲料粗蛋白质水平，改善饲料蛋白质的品质，提高其利用率，从而减少氮的排泄。

三、矿物质

矿物质是一类无机物，是构成鸡饲料的重要元素。它具有调节鸡体内渗透压，保持酸碱平衡等作用，又是骨骼、蛋壳、血红蛋白和激素的重要成分，对维持鸡体各器官的正常生理功能，保证正常生长发育，维持高生产性能起着重要作用。与高产笼养蛋鸡相比，散养鸡管理比较粗放，较少喂食饲料，仅凭自主觅食无法满足矿物质需要，造成散养鸡体内矿物质尤其是微量元素缺乏，引起鸡产蛋率下降及蛋小、产蛋间隔时间长或产软蛋，所以散养鸡的矿物质补充尤为重要。

根据机体生长过程中需求量的大小，鸡必需的矿物质可分为两大类：一类为常量元素（图 3-4），包括钙、磷、钠、钾、氯、硫、镁等，占鸡体重的 0.01% 以上；另一类为微量元素（图 3-5），即铁、铜、锰、锌、钴、碘、硒等，占鸡体重的 0.01% 以下。

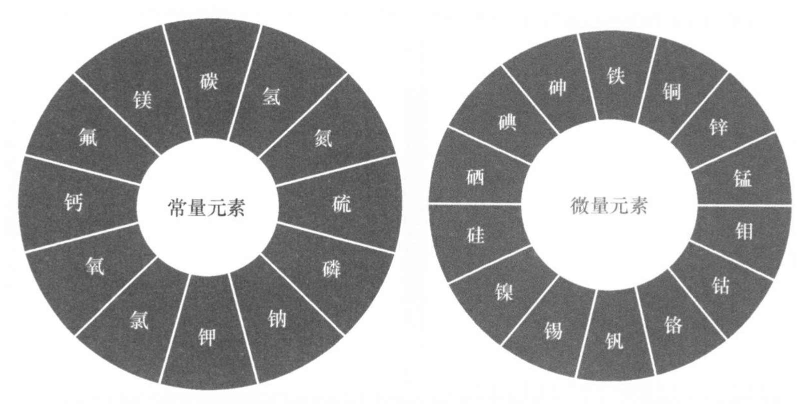

图 3-4　常量元素图　　**图 3-5　微量元素图**

1. 常量元素

（1）钙　钙是骨骼和蛋壳的主要组成成分，能帮助保持正常的心脏机能，维持神经、肌肉的正常生理活动，参与血凝。钙在鱼粉、骨粉、骨肉粉、蛋壳、贝壳中含量丰富。成年鸡的需钙量约为鸡体重的 3.25%，当环境温度达 33℃ 时，需钙量为鸡体重的 3.50% ~ 3.75%；育雏和育成阶段的鸡需钙量为鸡体重的 0.8% ~ 1.0%。在产蛋期，饲料中的钙源以贝壳粉为最好。钙和磷有着密切的关系，二者必须保持一定的比例，才能被充分利用和吸收。一般钙、磷的比例，雏鸡为（1 ~ 2）:1，成年鸡为（4 ~ 5）:1。如果饲料中钙、磷不足或缺乏，雏鸡会患软骨病，鸡翅骨易折断，蛋壳粗糙，或变薄、变软。

(2) 磷 磷是骨骼的主要成分，在鸡的脏器及有关体细胞中含量较多。磷对促进体内碳水化合物和脂肪代谢，促进钙的吸收及维持体内酸碱平衡是很重要的。谷物、糠麸及磷灰石中含磷较多。鸡饲料中无机磷的比例应占总磷的30%，产蛋鸡的可利用磷应在0.35%以上。鸡缺磷时会引起食欲减退，发育不良，严重时关节硬化，骨脆易碎，易产生啄癖。

(3) 钠和氯 二者是食盐的主要成分。氯是形成胃液，保持胃液酸性，参与构成血液等组织液的主要成分。钠在肠道中保持消化液的碱性，有助于消化；参与形成组织液，对维持机体渗透压和正常生理机能有重要作用。如果饲料中食盐不足，鸡易出现消化不良，食欲减退，生长发育缓慢，啄肛等症状；产蛋鸡体重下降，产蛋减少，蛋重减轻。一只鸡对食盐的日需量约0.5g。

(4) 钾 钾是细胞内液的主要离子，参与维持体液酸碱平衡和渗透压。钾在植物性饲料中含量丰富，动物一般不缺乏。

(5) 硫 硫主要存在于羽毛、体蛋白和鸡蛋中，是含硫氨基酸、硫胺素、生物素的主要组成成分，对蛋白质的合成和碳水化合物代谢等有重要作用。硫在日粮中尤其油菜饼粕中含量丰富，动物一般并不缺乏。缺硫的鸡只表现掉毛、流口水、溢泪、食欲下降、体质虚弱等症状。

(6) 镁 镁主要存在于骨骼、血液中，能维持骨骼的正常发育和神经系统的功能，参与机体的糖代谢和蛋白质代谢。镁在饲料中含量较多，棉籽粕中含量丰富，一般含钙的饲料中也含有镁，鸡通常不缺乏。

2. 微量元素

(1) 铁 铁是形成血红蛋白的必需物质，它参与血液中氧的运输和细胞内生物氧化过程，是各种氧化酶的组成成分。铁在日粮中含量丰富，一般并不缺乏。饲料中铁不足时，雏鸡生长停滞，下痢、贫血。

(2) 铜 铜与红细胞生成、色素形成、神经系统功能和生长发育有关。铜在青草中含量高。缺乏时可引起贫血、佝偻病及产蛋率下降等。

（3）锰　锰与鸡的骨骼发育和脂肪代谢密切相关。锰在麸皮中含量较多，但因麸皮在鸡饲料中的含量有限，极易引起锰缺乏。雏鸡缺锰时会导致生长发育不良，易患滑腱症。成鸡缺锰时蛋壳变薄，产蛋率和孵化率降低。

（4）锌　鸡体内许多酶类及骨、肌肉、毛和内脏器官都含有锌，锌元素是免疫器官胸腺发育的营养素，只有锌量充足才能有效保证胸腺发育，正常分化 T 淋巴细胞，促进细胞免疫功能。锌的功能还体现在促进机体正常发育，促进创口愈合，促进维生素 A 吸收，调节影响大脑生理功能的各种酶等。锌缺乏时，鸡消化功能减退，生长发育变慢，羽毛、皮肤发育不良，长骨变短，关节肿大，皮肤粗糙，呈鳞片状；产蛋率、孵化率降低。如果补锌过多，可使体内的维生素 C 和铁的含量减少，抑制铁的吸收和利用，从而引起缺铁性贫血。

（5）钴　钴是组成维生素 B_{12}的必需成分，但鸡不能将钴在体内合成维生素 B_{12}。目前已知的钴功能体现为维生素 B_{12}的功能，与红细胞生成、蛋白质及碳水化合物代谢有关。鸡缺乏钴时（即缺乏维生素 B_{12}），最明显的症状是贫血。

（6）碘　碘是甲状腺素的组成成分，其主要作用有：促进生物氧化，甲状腺素能促进三羧酸循环中的生物氧化，协调生物氧化和磷酸化的偶联，调节能量转换；调节蛋白质合成和分解，甲状腺素能活化体内 100 多种酶，在物质代谢中起着重要作用；促进生长发育，甲状腺素可促进骨骼的发育和蛋白质合成，维护中枢神经系统的正常结构。碘存在于饮水、饲料、土壤中，可形成地区性缺碘。缺碘时，鸡甲状腺肿大，甲状腺素分泌减少，造成代谢能力降低，生长、发育缓慢，产蛋率降低等。

（7）硒　硒有抗氧化作用，对某些酶能起催化作用。硒的营养主要通过蛋白质特别是与酶蛋白结合发挥抗氧化作用。近年的研究表明，硒参与体内蛋白质、酶和辅酶的合成，硒-半胱氨酸（Se-cys）是遗传密码正常编码的第 21 个氨基酸。缺乏硒，易患渗出性素质病或引起肝坏死。硒在每千克鸡饲料中的正确含量是 3mg，过量会引起硒中毒，造成肝的病变和贫血。

四、维生素

维生素是动物生长代谢所必需的有机营养物。它既不是体内能量的来源，也不是构成机体组织的成分，而是调节和控制机体新陈代谢的重要物质。大多数维生素在鸡体内不能合成，个别维生素的合成量远远不能满足鸡体的需要，必须从饲料中获得。青绿饲料中含有多种维生素，养鸡场经常搭配青绿饲料以节省添加剂的供给，青绿饲料不足的养鸡场或季节，所需的维生素要从添加剂中给予补充。

目前确认，鸡必须从饲料中获取的维生素有13种，分别为脂溶性维生素A、维生素B_2、维生素E、维生素K 4种和水溶性维生素9种，即维生素B_1（硫胺素）、维生素B_2（核黄素）、维生素B_3（烟酸）、维生素B_6（吡哆醇）、维生素B_5（泛酸）、维生素H（生物素）、维生素B_4（胆碱）、维生素B_{11}（叶酸）和维生素B_{12}。其中在饲料中容易缺乏的为维生素A、维生素B_1、维生素B_2、维生素D_3等。鸡体自身可以合成维生素C，一般情况下不需要补充。

（1）维生素A（图3-6）　维生素A能维持上皮细胞的正常功能，促进生长发育，调节体内物质代谢，保护消化道、呼吸道和生殖道黏膜的健康，增强对传染病和寄生虫病的抵抗能力。维生素A在鱼肝油中含量丰富，胡萝卜、青绿饲料中含有较多的可转化为维生素A的类胡萝卜素，鸡能够将3mg的胡萝卜素转化为1mg的维生素A，黄玉米中也含有少量的胡萝卜素。维生素A缺乏时，鸡易患眼干燥症、夜盲症，表皮角质化、皲裂；雏鸡生长缓慢，成鸡产蛋率、孵化率下降；抗病力下降等。

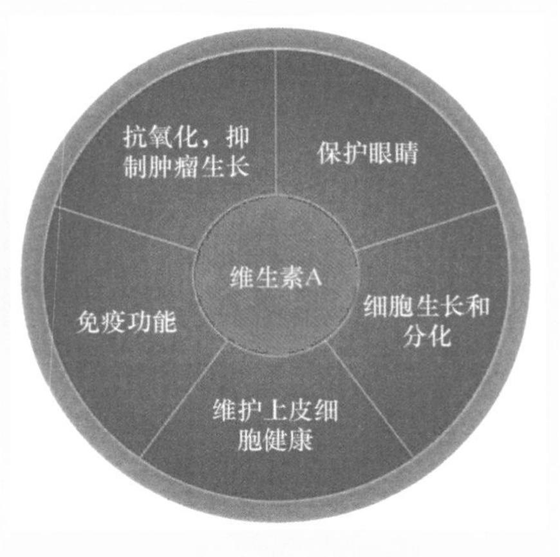

图3-6　维生素A作用图

（2）维生素D　维生素D可促进动物钙、磷的吸收，调节血液中钙、磷的浓度，促进钙、磷在骨骼、蛋壳中沉积。鱼肝油中含有维生素D_3，鸡的皮肤中存在7-脱氢胆固醇，经过紫外线的照射可以合成维生素D_3。散养鸡如果常晒太阳就不会引起维生素D缺乏。当维生素D缺乏时，雏鸡易患佝偻病，生长发育迟缓；成鸡易患软骨病，产蛋率、孵化率降低，蛋壳变薄易破，严重的会瘫痪（图3-7）。

（3）维生素E　维生素E与核酸代谢及酶的氧化还原有关，是有效的抗氧化剂，对消化道和其他组织中的维生素A有保护作用，能提高鸡的繁殖性能。维生素E在青绿饲料、谷物胚芽、蛋黄和植物油中含量丰富。缺乏维生素E时，雏鸡易患脑软化症（图3-8）、渗出性素质病和肌肉营养不良；公鸡繁殖机能衰退；母鸡产蛋率、孵化率下降。

图3-7　维生素D缺乏症

图3-8　维生素E缺乏症

（4）维生素K　维生素K可催化合成凝血酶原，维持鸡的正常凝血机能。维生素K在青绿饲料、大豆中含量丰富。缺乏维生素K时，鸡易患出血病（含母鸡和雏鸡），多发生翼下出血，鸡冠苍白，死前呈蹲坐姿势。

（5）维生素B_1（硫胺素）　维生素B_1可参与体内糖类代谢，维持正常的神经机能，增强鸡的消化机能。维生素B_1在糠麸、青绿饲料及乳制品中含量丰富，鸡缺乏时食欲减退，消化不良，引发肌肉痉挛及多发性神经炎。

（6）维生素B_2（核黄素）　维生素B_2参与体内氧化还原；调节细胞呼吸，有助于物质代谢，提高饲料利用率。维生素B_2在青绿饲

料、干草粉、酵母、鱼粉、糠麸及油类饼粕中含量丰富。缺乏时雏鸡生长缓慢，易发生腹泻和消化障碍；趾向内弯曲，甚至麻痹、瘫痪；成鸡产蛋下降，孵化率低。

(7) 维生素 B_3（烟酸） 维生素 B_3 为多种酶的重要成分，在机体碳水化合物、脂肪、蛋白质代谢中起重要作用。烟酸在谷物胚芽、豆类、糠麸、青绿饲料、酵母、鱼粉中含量丰富。鸡缺乏时食欲减退，生长缓慢，羽毛粗乱，关节肿大，长骨弯曲。

(8) 维生素 B_6（吡哆醇） 维生素 B_6 与蛋白质代谢有关。吡哆醇在一般饲料中含量丰富，鸡体也可自身合成。当缺乏时，鸡只表现异常兴奋，甚至痉挛；食欲减退，体重下降；产蛋率、孵化率明显下降，最后会导致严重衰竭而死亡。

(9) 维生素 B_5（泛酸） 维生素 B_5 是辅酶 A 的组成部分，与体内碳水化合物、脂肪和蛋白质代谢有关。维生素 B_5 在糠麸、小麦、酵母及胡萝卜中含量较多。鸡缺乏时皮肤发炎，羽毛粗乱无光；骨骼短粗变形，门角、肛门出现硬痂，脚爪皮炎，生长不良。

(10) 维生素 H（生物素） 维生素 H 参与体内脂肪、蛋白质、碳水化合物等的代谢。生物素在鱼肝油、酵母、青绿饲料、糠麸、谷物和鱼粉中含量较多。鸡缺乏时，喙、趾等部位易发生皮肤炎；骨骼变形，生长缓慢；种蛋孵化率降低。

(11) 维生素 B_4（胆碱） 胆碱在传递神经冲动和参与脂肪的代谢方面起着很重要的作用。胆碱在小麦胚芽、豆饼、糠麸、鱼粉中含量丰富。缺乏时，引起鸡脂肪代谢障碍，雏鸡生长缓慢，鸡脚弯曲等。

(12) 维生素 B_{12} 维生素 B_{12} 有助于提高造血机能，参与碳水化合物、脂肪代谢和核酸合成，提高日粮中蛋白质的利用率。维生素 B_{12} 在鱼粉、骨肉粉、羽毛粉等动物性饲料中含量丰富。鸡缺乏时可引起贫血，雏鸡生长缓慢，羽毛生长不良；种蛋孵化率降低。

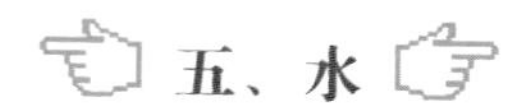

五、水

水在鸡的生长过程中起着极其重要的作用，无论是炎热、温暖

还是寒冷的季节，水都起着非常重要的作用。水是维持生命所必需的营养物质，直接关系到鸡的身体健康和饲料转化率。

（一）水的生理指标

雏鸡体内水分约占体重的70%，1周龄内的雏鸡体内含水85%，成年鸡体内水分约占体重的52%，水主要存在于细胞内液与细胞外液中。就散养鸡而言，水分大部分是通过饮水和从环境中自主觅食摄入体内的，其余部分则来自饲料中的水分和营养物质在体内经代谢后产生的代谢水。

鸡的需水量随鸡的日龄、体重、饲料类型、饲养方式、气温以及产蛋率不同而异。一般来说，饮水量大约为采食量的2倍。一般3～4周龄的雏鸡耗水量为体重的18%～20%，产蛋母鸡为13.6%。用干粉料喂鸡，需水量约为采食量的2倍，炎夏可增至3～4倍。如果为笼养或限制饲养，气温高，产蛋率高，一般饮水量均增加。

（二）水的生理功能

1）水是机体体液的重要组成部分，鸡的细胞无法直接从外界获取营养物质，均需通过细胞内液、细胞外液的运输、交换等完成，即水是鸡体体液循环的溶剂和润滑剂，保证将营养物质运输、吸收到身体各组织器官，同时将代谢废物排出体外。

2）水是体内一切生理过程中生物化学变化必不可少的介质。水具有很强的溶解能力和电离能力（水分子极性大），可使水溶性物质以溶解状态和电解质离子状态存在，甚至一些脂肪和蛋白质也能在适当条件下溶解于水中，构成乳浊液或胶体溶液。溶解或分散于水中的物质有利于体内化学反应的有效进行。

食物进入消化道后，依靠消化器官分泌出消化液，如唾液、胃液、胰液、肠液、胆汁等，才能进行消化和吸收。在这些消化液中，水的含量高达90%以上。

3）水是体温调节的重要媒介。鸡没有汗腺，在炎热的夏季只能依赖“喘息”调节体温，而充足的饮水供应则会大大缓和鸡的“喘息”，辅助机体保持代谢平衡。

水的比热高，对机体有调节体温的作用。防止中暑最好的办法

就是多喝水。这是因为摄入的三大产能营养素（碳水化合物、脂肪和蛋白质）在水的参与下，利用氧气进行氧化代谢，释放能量，再通过水的蒸发散发大量能量，避免体温升高。

4）水是机体营养物质消化、吸收过程中不可缺少的成分，只有充足的饮水才能保证鸡正常的采食和生长发育。

（三）水缺乏的危害

鸡对缺水表现得非常敏感。当比正常饮水量少给20%的饮水时，鸡会出现循环障碍、体温升高、代谢紊乱，饲料消化不良，采食量显著降低，生长发育放缓。当减少供给水时，嗉囊中饲料移动放缓，消化速度也变慢。继续停水时，鸡体内的水分向嗉囊移动，而且在肠内的吸收过程中体液还要向肠内反循环。长时间停水后，鸡会出现一系列的脱水症状，发生多种鸡病。雏鸡断水10～12h，采食量就会减少，生长放缓；产蛋鸡断水24h，能使产蛋量下降30%。鸡体内失水15%时，就会陷入重症状态；失水25%时，将导致死亡。

（四）散养鸡的饮水供应

1. 山泉水饮水

林地养鸡，有天然的山泉水供应时，可以采用比较粗放的饮水方式，用水管将水引到鸡采食的场所附近即可。采用这种饮水方式，要注意饮水用具的定期消毒，因长期使用后，受各种因素的影响，用具内会生成一层滑滑的生物膜，这会造成水的二次污染，大大降低饮用水质量，影响鸡的生长。

2. 饮水壶饮水

这也是目前散养鸡养殖中使用最多的一种供水方式。饮水壶由盛水的壶体和供水的壶盖两部分构成（图3-9）。壶体中装满水后，倒置在壶盖上，利用水压实现自动水位平衡，当鸡饮水使壶盖中的水减少到一定量后，水壶里的水自动往下流，保持新鲜的水供应。饮水壶大多为塑料材质，价格便宜，使用和清洗消毒都很方便，既可保证饮水卫生，又能节约用水。使用时要将饮水壶挂起或者固定在一个平面上，防止鸡饮水时将壶碰倒。饮水壶也要进行定期消毒，避免水的二次污染。

图 3-9 饮水壶饮水

第四节 散养鸡的常用饲料

在鸡的放牧饲养过程中，使用单一饲料或随便将几种饲料混合进行饲喂，对散养鸡的生长发育是很不利的。科学的饲喂，应该满足鸡群正常生长发育对蛋白质、能量、维生素、矿物质等营养成分的需要。在雏鸡阶段，应少量饲喂优质新鲜的青绿饲料，最多只能占饲料总量的10%，不宜过多，以免腹泻，从而造成雏鸡的营养失调和生长发育受阻；当完全放牧饲养之后，随着日龄的增长，青绿饲料的进食量能占到饲料总量的20%～30%。

青年鸡生长迅速，要求健康无病，体重符合品种标准，防止过肥和早熟。其营养方面特别要注意补充维生素和矿物质，日粮中粗蛋白质的含量适当降低，代谢能和脂肪的含量也不可太高，粗纤维含量一般在5%左右，可加大糠麸和谷类饲料的喂量，如不添加维生素，青绿饲料要占到日粮的30%～50%。

一、能量饲料

（一）基本概念

能量饲料是指干物质中粗纤维含量低于18%，粗蛋白质含量低于20%的一类饲料。能量饲料主要包括玉米、高粱、稻谷、糙大米、

碎大米、小麦、大麦、麦麸、米糠、乳清粉、油脂等。

能量饲料，顾名思义，就是主要提供生命所需能量物质的饲料，其无氮浸出物的含量特别高，一般在70%～80%。常用饲料中，玉米的无氮浸出物含量为83%，高粱为81%，小麦为78%，大麦为76%；能量饲料中维生素B_1含量丰富，但缺乏维生素D和维生素C；蛋白质品质低，赖氨酸和蛋氨酸为限制性氨基酸；矿物质中钙和磷的含量都很低。

（二）几种常用能量饲料

1. 玉米

玉米（图3-10）号称饲料之王。玉米按色质可分为白玉米和黄玉米两种。饲料用玉米以黄玉米为主。按品种特点可分为马齿型、硬粒型、爆裂型玉米和甜玉米等几种，饲料用玉米主要为马齿型和硬粒型。除了常见玉米品种外，现在还培育出了许多专用化的玉米品种，如高赖氨酸玉米品种辽单678，其赖氨酸含量高达0.44%，粗蛋白质含量也很高，为11.16%。

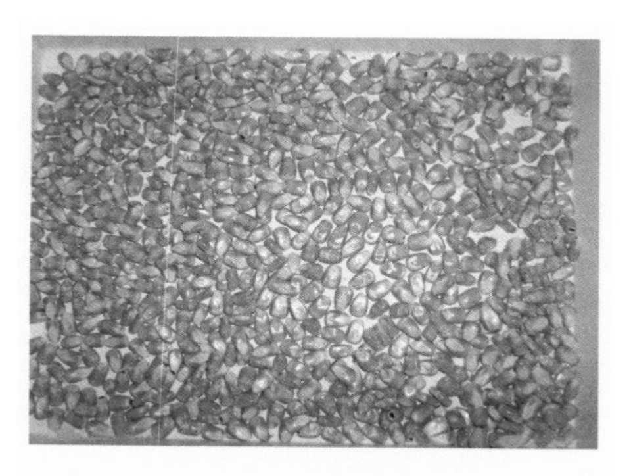

图3-10　玉米

玉米之所以称为饲料之王，主要基于以下几方面的原因：一是代谢能高。玉米的粗纤维含量极低，而淀粉含量高达61%以上，消化吸收的利用率高；脂肪含量一般在3.4%～5.0%。二是玉米的脂肪构成中，脂肪酸中的必需脂肪酸亚油酸占59%，当饲料中玉米含量在50%以上，即可保证鸡对亚油酸的需要量。三是黄玉米含有丰富的维生素E（20mg/kg）、β-胡萝卜素（1.3～3.3mg/kg）、叶黄素（13～33mg/kg）和玉米黄质素，对蛋黄着色效果尤其好。

玉米不宜长时间储存，储存玉米时需要注意以下几点：一是储存时要储存完整的玉米粒，不宜破碎后储存，破碎后的玉米碎极易吸水、结块和霉变；二是储存前要彻底晒干，防止发生霉变，玉米霉变发生霉菌毒素中毒的概率相当高，所以储存时要保证玉米含水量在14%以下；三是不宜长时间储存，长时间储存的玉米的有效能值和品质都会大幅下降，影响饲喂效果。

2. 小麦

在我国，小麦（图3-11）是人们主食的原料，一般不用作饲料，但当小麦价格比玉米价格低时，也会用于制作饲料。

我国产的小麦蛋白质含量比玉米高，淀粉含量较玉米低，一般在53%～70%，粗脂肪含量低于玉米，所以小麦的能值也较高，仅次于玉米。与玉米相同的是，小麦中所含赖氨酸也是第一限制性氨基酸。小麦富含B族维生素和维生素E。

与玉米相比，小麦价格较高，而且等量取代的时候，饲喂效果也会下降，产蛋鸡易产脏蛋，而且饲料转化率也不如玉米。当选用小麦作为主要能量饲料时，一般添加木聚糖酶来提高饲料利用率和鸡的生产性能。

3. 高粱

高粱（图3-12）在我国主要用于酿酒，在美国等白酒消耗量低的国家则广泛用作饲料。高粱的淀粉含量一般在69%，粗蛋白质在9%左右，脂肪含量为3.5%。综合考虑，高粱的营养物质含量与玉米极其相近，高粱比玉米便于储藏，但是高粱色素含量低，无着色功能。

图3-11　小麦

图3-12　高粱

高粱用于鸡饲料时，需要配合使用玉米、玉米蛋白粉和叶黄素

浓缩剂，用以蛋黄、皮肤、鸡爪等的着色。从营养价值方面考虑，即使高粱使用量达到饲料的60%，也不会影响鸡的生产性能、繁殖性能和饲料适口性。

4. 小麦麸和次粉

小麦麸（图3-13）和次粉（图3-14）均是小麦加工成面粉时的副产物。前者主要由小麦种皮、糊粉层、少量胚芽和胚乳组成；后者由糊粉层、胚乳及少量细麸组成。

图3-13 小麦麸

图3-14 次粉

由于加工工艺的差异，各国小麦麸和次粉的营养成分含量也有差异。国产的麦麸代谢能还是很高的，而且小麦麸富含矿物质，锰、铁、锌等微量元素含量都很高。小麦麸中具有较高活性的植酸酶也可以帮助吸收本不宜利用的植酸磷；小麦麸物理结构松散，可用作添加剂预混料的稀释剂、载体和吸附剂；与小麦相同，小麦麸也富含B族维生素和维生素E。

小麦麸用于育成鸡和产蛋鸡，可调节饲料能量浓度，起到限饲的作用。次粉的价值与玉米相当，也是不错的颗粒黏结剂，可用于制作颗粒饲料。

二、蛋白质饲料

蛋白质饲料分为植物性蛋白质饲料和动物性蛋白质饲料。常用的植物性蛋白质饲料主要有大豆饼（粕）、花生饼（粕）、棉仁饼（粕）、菜籽饼（粕）、玉米淀粉蛋白、食用酒精糟、啤酒糟。动物性蛋白质饲料主要有鱼粉、血粉、肉粉、肉骨粉、废弃内脏粉及屠宰下脚料粉、皮革粉、角蛋白粉（羽毛粉）、蚕蛹、虾糠及虾粉、孵化副产品、反刍动物瘤胃内容物、单细胞蛋白饲料（饲料酵母、脱核酵母、啤酒酵母、酵母发酵饲料等）。

1. 大豆饼（粕）

大豆饼（粕）（图3-15）是大豆榨油后的产物经适当处理、干燥而得。大豆饼（粕）一般为浅黄色至浅褐色，这是由加热处理时的火候决定的，有烤黄豆的香味。大豆饼（粕）的蛋白质含量为40%~45%，必需氨基酸的含量和组成都很恰当，赖氨酸、色氨酸、苏氨酸和异亮氨酸的含量都相当高，可弥补玉米、小麦等的不足。大豆饼（粕）是鸡饲料蛋白质的主要来源，由于其氨基酸含量恰当，可提高鸡只的生产性能。

图3-15 大豆饼和大豆粕

2. 棉仁饼（粕）

棉仁饼（粕）（图3-16）与大豆饼来源相似，以黄褐色品质为佳，不宜储存太久。棉仁饼（粕）的蛋白质含量在40%以上，其氨基酸组成中赖氨酸含量不足而精氨酸含量过高。用作饲料时，要注意与其他饲料的配合使用，调节氨基酸平衡。棉仁饼（粕）含有抗营养因子棉酚，会阻碍雏鸡的生长，棉酚含量高的棉仁饼（粕）还会影响蛋黄的颜色。所以在散养鸡的饲养中，不建议使用棉仁饼（粕）。

3. 玉米蛋白粉

玉米蛋白粉（图3-17）是生产玉米淀粉和玉米油的同步产品。玉米蛋白粉是玉米除去淀粉、胚芽及玉米外皮后剩下的物质，但也可能包括部分浸渍液或玉米胚芽粕，这些部分的各自比例对玉米蛋白粉的外观色泽、蛋白质含量等影响很大。

图 3-16　棉仁饼和棉仁粕

图 3-17　玉米蛋白粉

正常玉米蛋白粉的色泽为金黄色，蛋白质含量越高，色泽越鲜艳。随着玉米浸渍液和玉米胚芽粕比例的增加，蛋白质含量就会减少，色泽趋淡；贮存时间过长，色泽也会变浅；干燥过度则颜色偏黑。

玉米蛋白粉的蛋氨酸含量很高，可与相同蛋白质含量的鱼粉相当。但赖氨酸和色氨酸含量严重不足，不及相同蛋白质含量的鱼粉的1/4；且精氨酸含量较高。由黄玉米制成的玉米蛋白粉含有较多的类胡萝卜素，其中主要是叶黄素和玉米黄素，是很好的着色剂。

总体来说，玉米蛋白粉属于高能高蛋白饲料，可利用能值和蛋白质消化率都很高，用作鸡饲料时，既有助于减少蛋氨酸添加量，又能改善蛋黄、皮肤和脚的着色效果。

三、矿物质饲料

矿物质饲料包括提供钙、磷等常量元素的矿物质饲料以及提供铁、铜、锰、锌、硒等微量元素的无机盐类饲料等。常用的矿物质饲料有钙源饲料（石灰石粉、贝壳粉、蛋壳粉等）、磷源饲料（磷酸一钙、磷酸二钙、磷酸三钙）。

1. 碳酸钙

碳酸钙（图3-18）中含钙40%，为白色结晶或粉末，无臭、无味，不溶于水，可溶于稀酸。饲用碳酸钙有两种类型：重质碳酸钙，系将天然的石灰石经粉碎、研细、淘选而得，其利用率略低；轻质碳酸钙，又称沉淀碳酸钙，是将石灰石煅烧成石灰，再用水消化石灰，后通入二氧化碳生成的沉淀制成，利用率略高。我国饲料级轻质碳酸钙的国家标准技术要求为：$CaCO_3$ 含量（以干基计）≥98.0%，Ca 含量（以干基计）≥39.2%，水分含量≤1.0%，盐酸不溶物含量≤0.2%，重金属（以 Pb 计）含量≤0.003%，砷（As）含量≤0.0002%，钡盐（以 Ba 计）含量≤0.005%。添加鸡饲料时，要求较大的粒度，以方便鸡采食。

2. 磷酸钙

磷酸钙（图3-19）为白色至灰白色或茶褐色粉末，无臭、无味。纯品中含钙38.76%，含磷20.0%，不溶于水、乙醇或醋酸，可溶于稀酸。用天然磷矿石生产的磷酸三钙需要脱氟，脱氟工艺有熔融法、烧结法等。

图3-18　碳酸钙

图3-19　磷酸钙

《饲料卫生标准》（GB 13078—2001）规定，各种磷酸盐中有害物质的允许量是：砷≤20mg/kg，铅≤30mg/kg，氟≤1800mg/kg。

3. 磷酸氢钙

磷酸氢钙（图3-20）又称沉淀磷酸钙，一般用盐酸萃取磷矿或脱胶骨块，再用石灰乳中和，使其生成磷酸氢钙沉淀后，经洗涤脱水、脱氟干燥而成。

磷酸氢钙可补充饲料中的磷和钙元素。自然界中的磷矿多伴生有氟元素。因此需严格控制磷酸氢钙产品中的氟含量。

《饲料级　磷酸氢钙》规定，饲料级磷酸氢钙（Ⅰ型）应符合GB/T 22549—2008的要求：磷含量（P）≥16.5%，钙含量（Ca）≥20.0%，砷含量（As）≤0.003%，铅（Pb）含量≤0.003%，镉（Cd）含量≤0.001%。

4. 骨粉

骨粉（图3-21）可分为蒸制骨粉、骨炭、骨灰和骨质磷酸盐等数种。

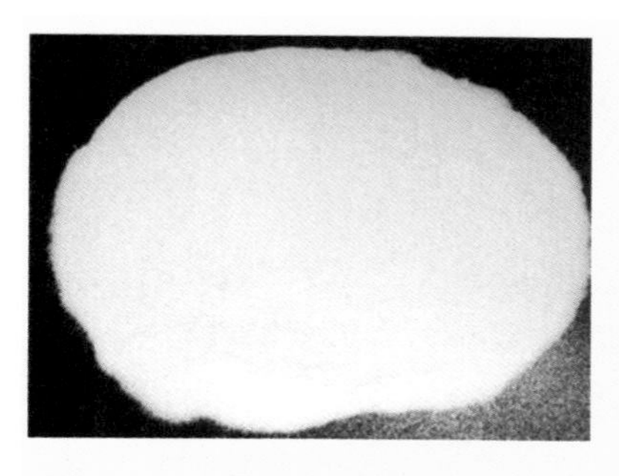

图3-20　磷酸氢钙

图3-21　骨粉

（1）蒸制骨粉　蒸制骨粉系将兽骨经高压蒸或煮，除去有机物后经碾碎磨制而成。其主要成分是磷酸钙。优质的蒸制骨粉，一般含钙量为30%~36%，含磷量为11%~16%。脱脂或脱胶较差的骨粉有时还含有少量蛋白质和脂肪，钙磷含量较低，相对生物学效价约为87%。

《骨粉及肉骨粉》（GB 8936—1988）（已废止，仅供参考）规定，饲料用一级骨粉的理化指标是钙≥25%，磷≥13%；钙<20%，磷<10%者为等外品。

（2）骨炭（bone charcoal）　是在密闭容器中将骨头炭化，含磷量为11.5%~14.0%。

（3）骨灰　骨灰是将骨头在空气中灼烧而得，含磷量在15.3%以上，均可用作钙、磷的补充饲料。

（4）骨质磷酸盐（bone phosphonate）　将骨头用碱液、盐酸溶液处理后，再用石灰沉淀后干燥制得骨质磷酸盐，含磷量达17%，是优质的钙、磷补充剂。

5. 贝壳粉

贝壳粉（图3-22）的含钙量为32%～35%，是资源丰富的钙补充饲料。贝壳粉因质地坚硬，加工过程中可分级碾碎，用于不同用途，如对产蛋鸡，用大颗粒在前一天下午任其自由采食，因其吸收较慢，可满足夜间蛋在子宫内的钙化所需。通常每个蛋约需2.2g钙，蛋鸡每小时约需0.1g钙。因此，对细度的要求应适当搭配，既要将饲料搅拌均匀，又要采取措施，满足鸡体对钙的需求。

6. 磷酸二氢钠

磷酸二氢钠（图3-23）有无水物、一水物和二水物等形态，白色或无色结晶，无臭、无味。在适当稀释的磷酸中，加入计算量的碳酸钠中和，在室温下结晶就可制得二水物，易溶于水，不溶于乙醇。其水溶液呈弱酸性。

图3-22 贝壳粉

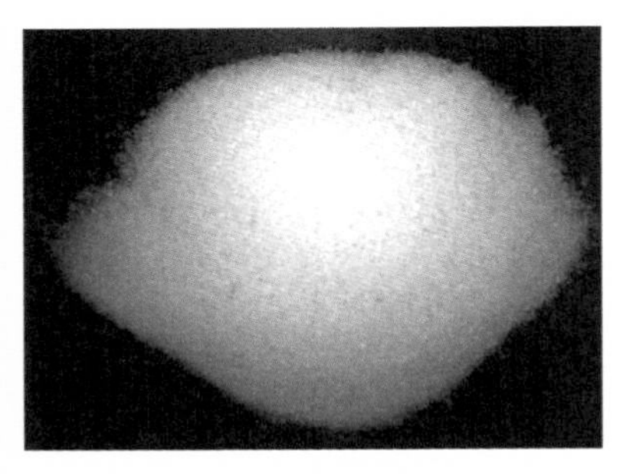

图3-23 磷酸二氢钠

四、青绿饲料

青绿饲料是指可以用作饲料的植物新鲜茎叶，因富含叶绿素而得名。青绿饲料主要包括天然牧草、栽培牧草、田间杂草、菜叶类、水生植物、嫩枝树叶等。合理利用青绿饲料，可以节省成本，提高养殖效益。

青绿饲料含水量高，能量低。一般水分含量在75%～90%，适口性好，可代替部分饮水。粗蛋白质含量高，一般占干物质重的

10%～20%；而且粗蛋白质品质好，所含必需氨基酸比较全面，生物学价值高。维生素，尤其是胡萝卜素含量丰富，每千克可含50～60mg，高于其他种类饲料。钙、钾等碱性元素含量丰富。粗纤维含量少，幼嫩多汁，适口性好，消化率高，鸡极喜欢，是放牧季节鸡的良好饲料，可以节省精料的用量。

青绿饲料的饲喂需要注意以下几方面的问题。

1. 控制比例

在散养鸡的生长环境中，如果青绿饲料品种丰富，则不必考虑这方面的问题。比例的控制主要指人工投放青绿饲料时在日粮中的比例不宜过高，一般控制在15%左右。这是因为青绿饲料含水量太高而能量较低，青绿饲料的比例太高的话，会造成能量缺乏，鸡采食后容易引起肠炎或者拉稀。

2. 切碎投食

虽然鸡可以直接采食青绿饲料，但容易造成浪费。切碎法是处理青绿饲料最简单合理的方法，青绿饲料切碎后，有利于鸡吞咽和消化，利用率也能相应提高。

3. 保持清洁

青绿饲料要现采现喂，不可堆积或使用喂剩的青草浆，以防产生亚硝酸盐导致鸡中毒；青绿饲料酸度高，喂鸡时可拌入2%左右的贝壳粉，以中和酸度。要注意农药污染，有毒的和刚喷过农药的果园、菜地、草地或牧草要严禁采集和放牧，以防中毒；饲喂青绿饲料时要注意剔除腐败变质的部分，以防霉菌毒素中毒。

第五节　散养鸡的饲料添加剂

饲料添加剂是指在天然动植物饲料或微生物发酵饲料的加工、贮存、调配、饲喂过程中，人工额外加入的物质的总称。饲料添加剂在鸡饲料中用量很少，但作用显著。鸡饲料添加剂是现代鸡饲料工业必然使用的原料，对强化基础鸡饲料的营养价值，提高鸡的生产性能，保证其健康，节省饲料成本，改善畜产品品质等有明显的效果。

一、氨基酸类添加剂

氨基酸类添加剂因功能强大，价格较高，且目前大多数为进口产品，所以应谨慎选用，防止假冒伪劣。

使用氨基酸类添加剂时要掌握有效含量和效价。如赖氨酸饲料添加剂多为L-赖氨酸盐酸盐，其含量为98%以上，其实际含L-赖氨酸为78%左右，效价可以按100%计算；而DL-赖氨酸的效价只能以50%计算。蛋氨酸饲料添加剂有DL-蛋氨酸、蛋氨酸羟基类似物和N-羟甲基蛋氨酸钙等。DL-蛋氨酸的有效含量多在98%以上，其效价以100%计算；蛋氨酸羟基类似物的效价按纯品计算，等于DL-蛋氨酸的80%；而N-羟甲基蛋氨酸钙的蛋氨酸含量为67%左右。因此在实际应用氨基酸类添加剂时，应先折算其有效含量和效价，以防添加量过多或不足。

使用氨基酸类添加剂时要平衡利用、防止颉颃。氨基酸平衡是指饲料中氨基酸的含量和比例恰当，符合动物的营养需求。如果饲料中氨基酸的比例不合理，特别是某一种氨基酸的浓度过高，则会影响其他氨基酸的吸收和利用，整体降低氨基酸的利用率，这也叫氨基酸的颉颃作用。

饲料添加剂所用的氨基酸一般为必需氨基酸，特别是第一和第二限制性氨基酸。鸡的第一限制性氨基酸为蛋氨酸，第二限制性氨基酸为赖氨酸。动物对氨基酸的利用还有一个特性，即只有当第一限制性氨基酸得到满足时，第二和其他限制性氨基酸才能得到较好的利用，以此类推。

如果第一限制性氨基酸只能满足需要量的70%，第二和其他限制性氨基酸含量再高，也只能利用其需要量的70%。因此，在饲料中应用氨基酸添加剂，应首先考虑第一限制性氨基酸，再依次考虑其他限制性氨基酸。

二、维生素类添加剂

维生素是维持动物正常生理机能和生命活动必不可少的一类低分子有机化合物。维生素主要以辅酶或催化剂的形式参与体内的代

谢活动，从而保证机体组织器官的细胞结构和功能正常，以维持动物的健康和各种生产活动。维生素名称及其常用名见表3-2。

表3-2 维生素名称及其常用名

维生素		常用名
脂溶性维生素	维生素A	视黄醇，抗眼干燥症维生素
	维生素D_2	麦角钙化醇，钙化醇，麦角固醇
	维生素D_3	胆钙化固醇
	维生素E	生育酚，抗不育维生素
	维生素K_1	叶绿醌，植物甲基萘醌，抗出血维生素
	维生素K_2	甲基萘醌类
	维生素K_3	甲萘醌
水溶性维生素	维生素B_1	硫胺素
	维生素B_2	核黄素
	维生素B_3	泛酸，遍多酸
	维生素B_4	胆碱
	维生素B_5	烟酸，烟酰胺，维生素PP
	维生素B_6	吡哆醇
	维生素B_7	生物素，维生素H
	维生素B_{11}	叶酸
	维生素B_{12}	钴胺素，氰钴素
	维生素C	抗坏血酸

1. 维生素A

目前商业上常用的添加剂为维生素A乙酸酯和维生素A棕榈酸酯，前者为亮黄色粉状晶体，而后者为黄色油或固状晶体。饲料用者常包以保护基质，制作成固态小颗粒，使之更稳定且容易混合。

维生素A的力价以国际单位（IU）表示，1IU维生素A相当于0.3g维生素A醇的活性，等于0.344g维生素A乙酸酯或0.550g维生素A棕榈酸酯。自然存在于许多植物和种子中的维生素A先质，可在家禽小肠肠壁中转变为维生素A，供家禽利用。最高效的先质为β-胡萝卜素，其他类胡萝卜素也有维生素A的力价，但均较β-胡萝卜素为低。0.6gβ-胡萝卜素相当于1IU。

2. 维生素D_3

在家禽方面，饲粮中添加的维生素D为维生素D_3。1ICU（国际雏鸡单位，即以0.025μg结晶维生素D_3对雏鸡所产生的作用）维生素D的活性相当于0.25g维生素D_3。

3. 维生素E

商业上常用的有d-生殖醇乙酸酯和dl-生殖醇乙酸酯。

维生素E的生物活性，也以国际单位（IU）表示。1IU等于1mg合成的dl-生殖醇乙酸酯活性。

4. 维生素K

天然存在的维生素K包括K_1系列和K_2系列化合物，这两类化合物均属脂溶性。合成的维生素K_3也是脂溶性的，但其衍生物则可溶于水。目前饲料中常用的维生素K，大都是维生素K_3的衍生物，包括亚硫酸氢二甲基嘧啶甲萘醌（MPB）、亚硫酸氢钠甲萘醌（MSB）及亚硫酸氢钠甲萘醌复合物（MSBC）。以维生素K_3为基准，则相同重量的MSB仅含66%的维生素K_3，而MPB和MSBC分别含45.5%和32.8%；就等分子计算，则MPS对MSBC的相对理论活性为1.39。在使用不同化合物时，应注意其相对分子质量，从而计算饲粮中的添加量。

5. 维生素B_{12}

维生素B_{12}在植物性饲料中比较缺乏，需要另外添加。商业上常使用的维生素B_{12}为氰钴素。还有其他类似化合物，也有维生素B_{12}活性，如羟基维生素B_{12}。

6. 叶酸

大部分的饲粮中含有足够的叶酸，如需要添加，则要使用纯的叶酸。

7. 胆碱

一般玉米或者大豆粕为主的食用饲粮，就雏鸡而言，胆碱含量为边际量，因此需额外添加氯化胆碱。

三、微量元素类添加剂

家禽必需的微量元素需要量虽低，却不可缺乏，在以散养方式养殖的家禽中，可通过饲料的多样性来满足其需要。

饲料中微量元素的含量与土壤中的含量成正相关，但是测定成本高，所以在添加微量元素时，饲料中微量元素的含量不做考虑，而是直接根据动物的需要直接添加。

微量元素添加剂的原料是含有微量元素的化合物。在微量元素添加剂的原料选择上，必须考虑其化合物中微量元素的含量及其生物利用性、稳定性、物理性质和铅、砷、汞、镉等重金属含量，以及各种产品形式之间的比价等。一般来说，水溶性的化合物其微量元素的吸收利用率较高。常用作原料的微量元素化合物有硫酸盐类、碳酸盐类和氧化物，它们统称为无机微量元素添加剂原料。此类饲料添加剂多为各种微量元素的无机盐类或氧化物。近年来微量元素的有机酸盐和螯合物以其生物效价高和抗营养干扰能力强而受到重视，但因质量不稳定和价格昂贵而使其在生产上大范围使用受到限制。常用的补充微量元素类有铁、铜、锌、锰、钴、碘、硒等，钼、镍、铬、钒、钛等元素虽已证明是动物营养所需，但因天然饲料中含量不明和对其需要量研究太少而未能普遍使用。确定微量元素添加剂原料时，应注意三个问题：①微量元素化合物及其活性成分含量；②微量元素化合物的可利用性；③微量元素化合物的规格（包括细度、卫生指标及某种化合物的特点等）。

微量元素添加剂的原料基本上采用饲料级微量元素的无机矿物盐，一般不采用化工级或试剂级产品，因为前者没有通过微量元素预处理工艺，产品中水分多，粒度大，杂质高，而后者价格昂贵，不经济。

四、药物饲料添加剂

药物饲料添加剂是指为预防、治疗动物疾病而掺入载体或者稀释剂的兽药的预混物，包括抗生素类、抗球虫类、驱虫类、抑菌促生长类等。

（1）抗生素类 从抗生素的发展趋势看，今后将向专用饲料添加剂比如多肽类、聚醚类和磷酸化多糖类的方向发展。

（2）抗球虫类 抗球虫剂通常使用一段时间后效果下降，这是因为球虫可以产生耐药株，其耐药性可以遗传。不同的抗球虫剂使虫体产生耐药性的速度不同，因而实践中常将几种抗球虫剂轮换使用，以保证效果。

五、酶制剂

酶制剂是取代或者平衡动物体内系统作用的一种或多种菌系的微生物制品。从狭义上讲，它是一种能激发自身有益菌种繁殖增长，同时抵制有害菌系生长的微生物制品。

酶制剂含有大量的有益菌（乳酸菌、双歧杆菌、芽孢杆菌）、复合酶、螯合肽、脱霉剂等，作为鸡饲料进入鸡体内后，能迅速繁殖，一方面投入菌种的代谢物可以中和肠内毒素，抑制其他有害菌丛的生长，另一方面在宿主体内形成正常微生物菌群，为宿主合成主要的维生素，提供营养和阻止致病菌的入侵。

在鸡饲料中使用酶制剂有以下优势：

（1）抑制有害菌的繁殖，使肠内菌群保持正常 酶制剂可抑制和阻止肠内有害菌的发生，使有益菌增加，恢复维持健康的肠内菌群。主要抑制病原大肠菌、梭状芽孢杆菌、沙门氏菌、β溶血性类细菌等的繁殖。

（2）产生消化酶 可以产生淀粉酶和蛋白酶等消化酶。

（3）增强免疫功能 酶制剂可以通过刺激肠道内免疫细胞，可增加局部抗体的形成，从而增强巨噬细胞活性。微生物鸡饲料添加剂可使肝脏内大量蓄积有增强免疫功能的维生素A。

（4）优化生态环境 益生素、酶制剂在动物肠道代谢过程中，分解了不易被动物吸收利用的粗蛋白质、植酸酶及抗营养因子，明显防治了蝇蛆的滋生，有效切断了氨气、臭气的来源，使动物粪便中有害气体的浓度得到了有效降低，改善了饲养环境，降低了氨气对人体的侵害，预防了畜禽呼吸道及肠道疾病的发生。

六、微生态制剂

微生态制剂也叫益生素、竞生素或生菌剂。动物消化道内存在的正常微生物群落对宿主具有营养、免疫、生长刺激和生物颉颃等作用，如乳酸杆菌能抑制有害微生物，从而起到屏障作用或生物保护作用，据此，人工分离菌群，并将正常的菌落制成某种活菌制剂，以达到防病治病、促进生长的目的。这类产品在国内外均已开始使用。常用的活菌剂有：乳酸杆菌制剂、枯草杆菌制剂、双歧杆菌制剂、链球菌属、酵母菌等。微生态制剂不会使动物产生耐药性，不会产生残留，也不会产生交叉污染，因此是一种有望替代抗生素的绿色添加剂。

七、其他添加剂

1. 乳化剂

乳化剂是一种分子中具有亲水基和亲油基的物质，它的性状介于油和水之间，能使一方均匀地分布于另一方中间，从而形成稳定的乳浊液。利用这一特性可以改善或稳定饲料的物理性质。常用的乳化剂有动植物胶类、脂肪酸、大豆磷脂、丙二醇、木质素磺酸盐、单硬脂酸甘油酯等。

2. 缓冲剂

最常用的缓冲剂是碳酸氢钠，俗称小苏打，还有石灰石、氢氧化铝、氧化镁、磷酸氢钙等。这类物质可增加机体的碱贮备，防治代谢性酸中毒，饲用后可中和胃酸，溶解黏液，促进消化，应用于反刍动物可调整瘤胃 pH 值，平衡电解质，增加产乳量和提高乳脂率，也可防止产蛋鸡因热应激引起蛋壳质量下降。

3. 除臭剂

除臭剂具有抑制畜禽排泄物臭味的特殊功能。除臭剂主要成分多为丝兰植物提取物。

近年来，兽药和高污染型饲料添加剂使用过量，致畸、致癌、致突变及耐药性等问题已引起人们的极大关注。因而，中草药饲料添加剂的研制与应用得到发展，其与酶制剂、微生态制剂共同被称为“绿色饲料添加剂”，应用前景广阔。

第六节 常见土鸡的饲养标准与日粮配制

一、土鸡的饲养标准

目前生产中地方品种鸡尚缺乏国家统一的营养标准，在饲料配制方面多参考国外的营养需要来进行，因此存在营养水平过高或不平衡，添加剂种类多，造成营养过剩或浪费等问题，饲料成本增加的同时也给环境带来潜在危害。因此，依据地方品种鸡本身产蛋率低、耐粗饲、抗病力强的特点，就可以得出各种土鸡自身的饲养标准。比如肉用型改良土鸡鲁禽1号麻鸡配套系、鲁禽3号麻鸡配套系的营养水平需求见表3-3和表3-4，鲁西斗鸡在不同饲养阶段的营养水平需求见表3-5。

表3-3 鲁禽1号麻鸡配套系营养水平需求

项目	前期（0~4周龄）	中期（5~8周龄）	后期（9周龄~出栏）
代谢能（MJ/kg）	12.30	12.70	13.00
粗蛋白质（%）	21.00	19.00	17.00
钙（%）	0.95	0.90	0.90
有效磷（%）	0.48	0.45	0.42
蛋氨酸（%）	0.44	0.40	0.36
赖氨酸（%）	1.05	0.92	0.80

表3-4 鲁禽3号麻鸡配套系营养水平需求

项目	前期（0~5周龄）	中期（6~10周龄）	后期（11周龄至出栏）
代谢能（MJ/kg）	11.95	12.30	13.40
粗蛋白质（%）	20.00	17.50	16.00
钙（%）	0.95	0.90	0.90
有效磷（%）	0.48	0.45	0.40
蛋氨酸（%）	0.42	0.38	0.35
赖氨酸（%）	1.05	0.90	0.78

表 3-5 鲁西斗鸡营养水平需求

项　目	0～3 周	4～6 周	7～21 周	21 周后	种公鸡
代谢能（MJ/kg）	12.40	12.30	12.30	12.00	12.00
粗蛋白质（%）	18.00	16.00	14.00	16.00	16.00
钙（%）	0.80	0.70	0.70	2.50	0.80
有效磷（%）	0.45	0.40	0.35	0.32	0.32
蛋氨酸（%）	0.35	0.30	0.30	0.35	0.35
赖氨酸（%）	0.90	0.70	0.70	0.80	0.70

二、土鸡的日粮配合原则

日粮配合是养鸡生产实践中的一个重要环节。日粮配合是否合理，直接影响到鸡生产性能的发挥和生产的经济效益。日粮配合过程中还应注意以下基本问题：

1. 参照并灵活应用饲养标准，制定各类鸡的最适宜营养需要量

目前我国的蛋鸡饲养标准主要是针对专用型高产蛋鸡的，我国土鸡种类繁多，体型不一，生产性能也不一致，因此营养需要也不一样。在实际应用时，应结合当地鸡的品种、性别、地区环境条件、饲料条件、生产性能等具体情况灵活调整，适当增减，制定出最适宜的营养需要量。最后再通过实际饲喂，根据饲喂效果进行调整。

2. 正确估测饲料的营养价值

同一种饲料，由于产地不一或收获季节不一，其营养成分也可能存在较大的差异。因此，在进行日粮配合时，必须选用符合当地实际的鸡饲料营养成分表，正确地估测各类饲料的营养价值，对用量较大且又重要的饲料，最好进行实测。

3. 选择饲料时，应考虑经济原则

要尽量选用营养丰富、价格低廉、来源方便的饲料进行配合，注意因地制宜、因时制宜，尽可能发挥当地饲料资源优势。在满足各主要营养物质需要的前提下，尽量采用价廉和来源可靠、易得的青绿饲料如甘薯、南瓜、马铃薯等代替一部分谷实类饲料，以降低饲养成本。

4. 注意日粮的品质和适口性

忌用有刺激性异味、霉变或含有其他有害物质的原料配制饲料。

影响饲料的适口性有两个原因。一是饲料本身的原因，如高粱含有单宁，喂量过多会影响鸡的采食量，因此，高粱以占日粮的5%～10%为宜。另一原因是加工造成的，如压制成颗粒料可提高适口性，而喂的粉料因磨得太细，鸡吃起来会发黏，降低了适口性。因此，粉料不能磨得太细，各种饲料的粒度应基本一致，避免鸡挑剔。种鸡一般不喂颗粒料。

5. 选用的饲料种类应尽量多样化

在可能的条件下，用于配合的饲料种类应尽量多样化，以利于营养物质的互补和均衡，提高整个日粮的营养价值和利用率。饲料种类多样化还可改善饲料的适口性，增加鸡的采食量，保证鸡群稳产、增产。

6. 考虑鸡的消化生理特点，合理配料

鸡对粗饲料的消化率低，粗纤维在鸡日粮中的含量不能过高，一般不宜超过5%，否则会降低饲料的消化率和营养价值。

7. 日粮要保持相对稳定性

如果确实需改变日粮时，应逐渐更换，最好有1周的过渡期，避免鸡发生应激，影响鸡的食欲，降低生产性能。尤其对于产蛋鸡，更要注意饲料的相对稳定性。

三、土鸡的饲料配方实例

土鸡的营养需要与快大型肉鸡或高产蛋鸡略有差异，但是可以有一个相对参考标准，其他品种可以在此基础上微调。一般肉用型土鸡可参考雏鸡与育成鸡的饲料配方（见表3-6和表3-7），蛋用型土鸡产蛋期的饲料配方可参考表3-8。需要说明的是，1%预混料是由多种维生素、矿物质组成的，其具体配方见表3-9。

1. 雏鸡的饲料配方

表3-6　雏鸡的饲料配方

原　　料	实例1	实例2	实例3
玉米	62.0%	61.7%	62.7%

（续）

原　　料	实例 1	实例 2	实例 3
麦麸	3.2%	4.5%	4.0%
豆粕	31.0%	24.0%	25.0%
鱼粉	—	2.0%	1.5%
菜粕	—	4.0%	3.0%
磷酸氢钙	1.3%	1.3%	1.3%
石粉	1.2%	1.2%	1.2%
食盐	0.3%	0.3%	0.3%
预混料	1.0%	1.0%	1.0%

2. 育成鸡的饲料配方

表 3-7　育成鸡的饲料配方

原　　料	实例 1	实例 2	实例 3
玉米	61.4%	60.4%	61.9%
麦麸	14.0%	14.0%	12.0%
豆粕	21.0%	17.0%	15.5%
鱼粉	—	1.0%	1.0%
菜粕	—	4.0%	4.0%
棉粕	—	—	2.0%
磷酸氢钙	1.2%	1.2%	1.2%
石粉	1.1%	1.1%	1.1%
食盐	0.3%	0.3%	0.3%
预混料	1.0%	1.0%	1.0%

3. 产蛋鸡的饲料配方

表 3-8　产蛋鸡的饲料配方

原　　料	实例 1	实例 2	实例 3
玉米	58.4%	57.9%	57.4%

（续）

原　　料	实例1	实例2	实例3
麦麸	3.0%	4.0%	3.0%
豆粕	28.0%	21.5%	20.0%
鱼粉	—	2.0%	2.0%
菜粕	—	4.0%	4.0%
棉粕	—	—	3.0%
磷酸氢钙	1.3%	1.3%	1.3%
石粉	8.0%	8.0%	8.0%
食盐	0.3%	0.3%	0.3%
预混料	1.0%	1.0%	1.0%

4. 1%预混料配方

表3-9　1%预混料配方

原　　料	配比（%）	原　　料	配比（%）
维生素A	0.240	砻糠粉	2.000
维生素D_3	0.050	五水硫酸铜	0.400
维生素E	0.440	一水硫酸亚铁	3.333
维生素K_3	0.080	一水硫酸锌	3.143
维生素B_1	0.020	一水硫酸锰	0.126
维生素B_2	0.051	碘化钾	0.000
维生素B_6	0.010	亚硒酸钠	0.250
维生素B_{12}	0.020	沸石粉	10.000
烟酸	0.202	DL-蛋氨酸	12.000
泛酸	0.102	50%氯化胆碱	8.000
叶酸	0.002	玉米蛋白粉	59.526
生物素	0.005	合计	100

第四章

场址选择和鸡舍设计

第一节 场址的选择

场址由鸡场的饲养规模和饲养性质（饲养商品肉鸡、商品蛋鸡还是种鸡等）而定，场地选择是否得当，关系到卫生防疫、鸡只的生长以及饲养人员的工作效率，关系到养鸡的成败和最终效益。场地选择要考虑综合性因素，如面积、地势、土壤、朝向、交通、水源、电源、防疫条件、自然灾害及经济环境等。一般场地选择要遵循以下几个原则。

一、利于防疫

果园林地养鸡场地应避免选择以下几个区域：①人烟稠密的居民住宅区或工厂集中地；②交通来往频繁的地方；③畜禽贸易场所附近。这些区域人员来往频繁，极易带入一些病毒和细菌，导致鸡群发病。鸡场位置选择如图 4-1 所示。

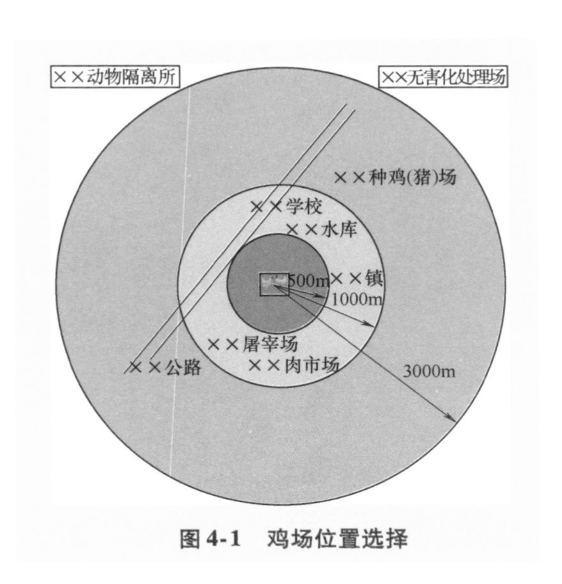

图 4-1 鸡场位置选择

二、交通便利

养鸡场应选择交通便捷之处，有利于饲料、鸡、蛋品、粪便等的运输。但交通线上又往往容易传播疫病，为了卫生防疫，鸡场与交通线应保持适当的距离，鸡场应距公路至少300m，距一般道路至少50～100m，宜选择在较偏远而车辆又能达到的地方。可选择在近郊距市区10～20km处，这样的地方不易受疫病传染，有利于防疫。

三、地理环境适宜

养鸡场地宜高燥干爽，避风向阳，地势较平坦，有坡度以便排水，如不会积水的草坡。养鸡场地要有遮阴设备，以防鸡只暴晒中暑或淋雨感冒。果园林地养鸡一般选择果园、林地、茶树林、竹山、草地、丘陵等地，但会有野生动物出没，所以需要选择合适的圈地用具，比如铁制的防护网和尼龙防护网（图4-2），避免鸡走失，也避免鸡的天敌或者其他动物对鸡群的侵袭。

图4-2　鸡场的防护网

四、能源保障充足

养鸡场地要有水源和电源（图4-3），便于鸡群饮水及鸡场照明。要求水源水量充足，水质良好，同时水源周围环境卫生条件好，以保证水源处于良好状态。

图 4-3　电力设施

第二节　鸡场的规划布局

一、分区规划

鸡场分区的原则是：各种房舍和设施的分区规划要从便于防疫和组织生产出发。首先考虑保护职工的身体健康，尽量使其不受饲料粉尘、粪便、气味等污染；其次要注意生产鸡群的防疫卫生，杜绝污染源对生产区的环境污染。总之，应以人为先、污为后。具有一定规模的养鸡场一般可分为场前区、生产区和隔离区。

1. 场前区

场前区包括行政和技术部门、办公室、饲料加工厂及料库、车库、杂品库、更衣消毒室、洗涤间、配电房、水塔、职工宿舍和食堂等。场前区的职工生活区应位于全场的上风向和地势较高的地段，并以此地作为生产技术管理区。场前区是担负鸡场经营管理和对外联系的场区，所处位置应与外界联系方便。大门前设车辆消毒池（图 4-4），两侧设门卫和更衣消毒室。场前区与生产区应加以隔离，外来人

图 4-4　车辆消毒池

员只能在场前区活动，不得随意进入生产区。

2. 生产区

生产区设置各种鸡舍，是鸡场的核心。生产区设在场前区的下风向和地势较低处，但应高于隔离区并在隔离区的上风向。鸡舍的布局应根据主风方向与地势，按孵化室、幼雏舍、中雏舍、后备鸡舍、成鸡舍的顺序布置，也就是孵化室在上风向，成鸡舍在下风向，这样能使雏鸡舍空气新鲜，减少发病机会，同时也能避免成鸡舍排出的污浊空气传播至其他鸡舍。

3. 隔离区

隔离区包括进行病鸡隔离、剖检、化验、处理等的作业房舍和设施，以及粪便污水处理、储存设施等。隔离区是养鸡场病鸡、粪便等污物的集中之处，是卫生防疫和环境保护工作的重点。该区设在全场的下风向和地势最低处，且与其他区的距离不小于50m，病鸡隔离舍及处理病死鸡的尸坑或焚尸炉等设施应距鸡舍300m以上。

一般来讲，林地养鸡产生的鸡粪可以直接作为林地树木的肥料，不用另外建设储粪池，但是林地散养鸡在育雏期需要在鸡舍喂养，鸡粪也要定期处理，因此需要建设储粪池。粪尿处理区应该距鸡舍30~50m，并在鸡舍的下风向。储粪池可设置在多列鸡舍的中间，靠近道路，便于粪便的清理和运输。储粪池和污水池要进行防渗处理，避免污染水源和土壤。

二、鸡舍间距

鸡舍间距指鸡舍与鸡舍之间的距离，是鸡场总的平面布置的一项重要内容，它关系着鸡场的防疫、排污、防火和占地面积，直接影响到鸡场的经济效益，因此应给予足够的重视，从防疫、防火、排污及节约占地面积四个方面综合考虑。

(1) 防疫要求 一般来讲，鸡舍的间距是鸡舍高度的3~5倍时，即能满足要求（图4-5），且这样的间距对鸡舍的防疫和通风更为有利。试验表明，背风面旋涡区的长度与鸡舍高度之比为5:1，因此，一般开放型鸡舍的间距是鸡舍高度的5倍。而当主

导风向入射角为30°~60°时，旋涡区的长度缩小为鸡舍高度的3倍左右。

（2）防火要求 为了消除火灾隐患，防止发生事故，按照国家有关规定，民用建筑采用15m的间距，鸡舍多为砖混结构，故不用最大的防火间距，采用10m左右的间距即能满足防疫和防火间距的要求。

图4-5 鸡舍间距

（3）排污要求 排污间距一般为鸡舍高度的2倍，按民用建筑的日照间距要求，鸡舍间距应为鸡舍高度的1.5~2倍。鸡场的排污需要借助自然风，当主导风向入射角为30°~60°时，用1.3~1.5倍的鸡舍间距也可以满足排污的要求。

（4）节约用地 我国的大部分地区，土地资源并不十分丰富，尤其是在农区和城郊建场，节约用地问题就显得更加重要。进行鸡场的总体布置时，需要根据当地的土地资源及其利用情况而定。

三、鸡舍朝向

鸡舍朝向是指鸡舍的长轴与地球经线是水平还是垂直。鸡场朝向的选择应根据当地的气候条件、地理位置、鸡舍的采光及温度、通风、排污等情况确定（图4-6和图4-7）。

（1）光照 冬季要利用太阳的辐射，夏季要避免辐射。鸡舍朝南，冬季日光斜射，可以充分利用太阳辐射的温热效应和射入舍内的阳

图4-6 鸡舍朝向

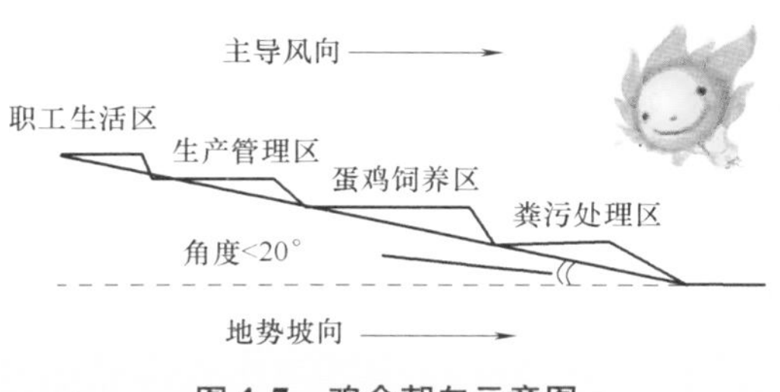

图 4-7 鸡舍朝向示意图

光，来实现鸡舍的防寒保温。夏季日光直射，太阳高度角大，阳光很少直射舍内，从而利于防暑降温。

（2）通风 通风效果与气流的均匀性和通风的大小有关，但主要看进入鸡舍内的风向角度。若风向角为0°，则进入鸡舍内的风为“穿堂风”，在冬季，鸡体直接受寒风的侵袭，舍内有滞留区存在，不利于排除污浊的空气；在夏季，不利于自然的通风降温。若风向角为90°，即风向与鸡舍的长轴平行，通风动力差，风不能进入鸡舍，通风量等于0，通风效果差。只有在风向角为45°时，室内的滞留区最小，通风效果也最好。我国绝大部分地区的太阳高度角，冬季低、夏季高，且我国夏季盛行东南风，冬季多东北风或西北风，南向鸡舍均较适宜，朝南偏西15°～30°也可以。另外，在确定鸡舍朝向时还应考虑排污效果，当风向角为90°时，即鸡舍与主导风向平行，则场区的排污效果最佳，一般取与主导风向成30°～60°，避免0°的风向入射角。

四、场地绿化

养鸡场进行植树、种草绿化，可以净化空气，美化环境，减弱噪声，改善场区小气候，同时也能起到隔离作用。在进行鸡场规划时，必须规划出绿化地，其中包括防风林、隔离林、行道绿化、遮阳绿化、绿地绿化等。

防风林应设在冬季主风的上风向，沿围墙内外设置，最好是落叶树和常绿树搭配，高矮树种搭配，植树密度可稍大些。隔离林应设在各场区之间及围墙内外，应选择树干高、树冠大的乔木。行道绿化是指道路两旁和排水沟边的绿化，起到路面遮阳和排水沟护坡

的作用。遮阳绿化一般设于鸡舍南侧和西侧，起到为鸡舍墙、屋顶、门窗遮阳的作用。绿地绿化是指鸡场内裸露地面的绿化，可植树、种花、种草，也可种植有饲用价值或经济价值的植物，如果树、苜蓿、草坪、草皮等，将绿化与养鸡场的经济效益结合起来（图4-8）。

图4-8　场地绿化

五、防疫隔离设施

鸡场周围要设置隔离墙，要求墙体严实（图4-9），一般墙高为2.5～3m，也可设置防护网。防护网要严密（图4-10），避免野兽或者其他动物对鸡的侵袭。鸡场周围应设置隔离带。鸡场大门应设置消毒池和消毒室，供进入车辆、人员、设备和用具的消毒。

图4-9　防护墙

图4-10　防护网

第三节 鸡舍的建设

一、鸡舍的建筑要求

鸡舍是鸡群生活、栖息、生长和繁殖的场所，建筑设计应满足鸡的生理要求，创造一个良好的环境条件，使鸡只能够充分发挥其品种优势，发挥其生产潜能。鸡舍的建筑需满足以下条件：

1. 保温性和隔热性好

保温性是指鸡舍内的热量散失少，在冬季舍内温度应比舍外温度高，使鸡群不感到寒冷，利于鸡群生长和种鸡在春季提前产蛋。隔热性是指夏天鸡舍外的高温不会辐射传入舍内，使鸡群感到凉爽，减少鸡的肉耗，可以提高散养鸡的生长速度和产蛋量。一般鸡舍温度宜保持在20～25℃，育雏舍在育雏期间温度宜保持在30～35℃。

2. 便于采光

鸡舍内光照充足是养好鸡的一个重要条件。光照可促进鸡机体的新陈代谢，增进食欲，从而提高生长速度。光照能促进鸡的生长发育，促进性成熟。鸡舍坐北朝南或坐西北朝东南，有利于自然采光。

3. 通风良好

鸡舍要求通风良好。在鸡舍保温前提下要装有通风换气设备，经常保持鸡舍内的空气新鲜。

4. 有利于防疫消毒

鸡舍内以水泥地面为好，具有一定的坡度和足够的下水道，以便清扫和消毒。四周墙壁及顶棚要光滑，便于冲洗消毒。

5. 坚固而严密

鸡舍要坚固，以防鼠、猫等敌害侵入。鸡舍的墙面、门、窗要严密，确保冬天无贼风进入。

6. 经济实用

鸡舍建筑在满足鸡所需的温度、光照和防疫等条件的前提下，本着经济实用的原则，因地、因材制宜，尽量降低建筑造价，达到

经济实用的目的。

二、鸡舍的类型及要求

1. 按照建筑主体材料分类

果园林地养鸡不同于集约化养殖，鸡舍可以相对比较简单，但是也不能忽略环境的影响。如果资金充足，想要延长使用年限，可以选择砖墙瓦房作为鸡舍（图4-11）；如果资金紧张，可以直接用山上的木棍或竹子搭架（图4-12），搭好后用一层厚的塑料布覆盖（图4-13）。如果放养的是土种蛋鸡，则搭的鸡棚要适当高一些，然后在里面用木棍或竹子搭建台阶式的架子，再制作一些竹筐或其他材质的筐子放上去，里面铺些草，这样母鸡就可以把蛋下到筐子里。

图4-11　砖墙瓦房鸡舍

图4-12　简易鸡舍

图4-13　塑料大棚鸡舍

塑料大棚鸡舍是最为经济的（图4-14），可以是开放式的，也可以是密闭式的。这种鸡棚以钢管或小毛竹为骨架，覆以单层或双层塑料薄膜，有的双膜夹层中填充草类软性秸秆，有增强防寒和隔热的效果。这种鸡棚建筑工期短，农村可就地取材，造价低，可搬移。

一个开放式大棚一般设计4~6个门，便于鸡群出入。为了便于通风并防兽害，应在大棚四周设50~100cm高的竹（网）围篱，然后再铺挂薄膜，整个大棚还应用防风绳加以固定。棚内可用水泥地面，也可用压实的土层作为地面，或定期在地面加干土层。大棚密闭性好，也容易导致棚内湿度过高，通风不良，应根据具体情况拉开部分塑料薄膜。棚内必须配置照明灯光，以每平方米1W为宜。为了便于疏散棚内喂料时的拥挤及在雨天喂料、躲雨，在棚外可架设一个敞开式雨棚。大棚四周应设排水沟，以保持棚内干燥。

图4-14　塑料大棚式鸡舍

（1）拱棚型鸡舍　一般长40m左右，宽6~7m，顶高2~3m，东西走向。钢管、钢筋结构，双层塑料薄膜，两端为山墙，设有门及通风口。夏季靠打开下边薄膜及山墙上的通风口、门通风，还可种植一些遮阳植物或顶部搭遮阳网。冬季早、晚和天气不好时应使用草帘覆盖薄膜，上午9点至下午4点卷起1/3草帘接受阳光照射，棚内温度可达到18~20℃，阴雪天应将草帘全部覆盖（图4-15和图4-16）。

图4-15　拱棚型鸡舍（一）

图4-16　拱棚型鸡舍（二）

（2）半拱棚型（日光温室）鸡舍 此类棚的长、跨度、高与拱棚基本相同，但其北面墙及山墙为砖、石或土结构，冬季可以更好地防风，每隔2m设有一个1m×1m的窗口。后屋面为土木结构，有天窗或排气孔；前屋面用塑料薄膜。这种鸡舍比较适合养肉鸡（图4-17）。

（3）吊帘式大棚鸡舍 这种鸡舍长40～50m，高2.5～3m，跨度6～9m。顶为"人"字形或平顶，上有天窗。屋顶由南、北两面的砖垛支撑，砖垛之间有铁丝网。山墙为砖石结构，门及通风口开在此处。冬季在棚舍的南、北面用塑料薄膜吊帘挡住，外面再吊一层草帘。天气晴朗的白天将草帘卷起，阴雪天及夜间放下草帘；夏季将草帘及塑料薄膜去掉，靠自然通风。这类棚舍较适合笼养蛋鸡及种鸡（图4-18）。

图4-17 半拱棚型（日光温室）鸡舍

图4-18 吊帘式大棚鸡舍

（4）可移动拱棚鸡舍 目前另有一种小拱棚鸡舍（图4-19），可移动，棚宽2m，长4m，每棚可养80～100只鸡。这种鸡舍很适合林地养鸡。

图4-19 小拱棚鸡舍

大棚材料可选用直径为3～5cm钢管做内、外拱架，钢管壁厚为1.35～1.5mm；用直径为1.5cm的钢筋，将内外拱架焊接起来，再用直径为1.4～1.5cm的钢筋将拱架纵向连接起来，砖砌山墙，塑料薄膜作棚顶，内层最好选用聚乙烯无滴塑料薄膜。这种鸡舍可养肉鸡。

2. 按照屋顶形式分类

鸡舍也可以是平房，平房鸡舍的屋顶形式多种多样，如单坡式（图4-20）、拱顶式（图4-21）、双坡式（图4-22和图4-23）、大棚拱坡式等。无论选择什么样形式的屋顶，都应考虑当地的气候条件、地理环境、建筑材料的来源、鸡群的养殖规模、鸡舍的跨度及养殖技术等因素。如单坡式和大棚拱半坡式一般跨度较小，适合小规模养鸡；双坡歧面式鸡舍，采光和保温性能较好，适于北方地区。

图4-20 单坡式鸡舍

图4-21 拱顶式鸡舍

图4-22 双坡式鸡舍（一）

图4-23 双坡式鸡舍（二）

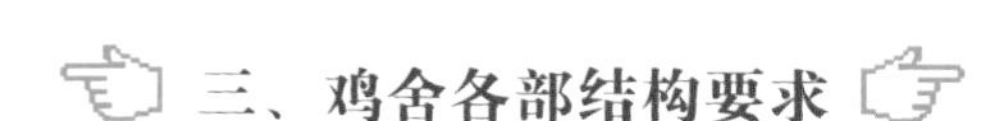

三、鸡舍各部结构要求

不同类型的鸡舍，内部结构有所不同，下面以平房和塑料大棚来说明鸡舍的内部结构。

（1）鸡舍的跨度、长度和高度

1）鸡舍的跨度视鸡舍屋顶的形式、鸡舍类型和饲养方式而定。单坡式与拱式鸡舍跨度不能太大，双坡和平顶式鸡舍可大些；开放式鸡舍跨度不宜太大，平养鸡舍则要看供水、供料系统的多少，并以最有效地利用地面为原则决定其跨度。一般跨度为6～10m。

2）鸡舍的长度一般取决于鸡舍的跨度。跨度为6～10m的鸡舍，长度一般在30～60m。跨度较大的鸡舍，如跨度为12m，长度一般在70～80m。

3）鸡舍的高度应根据饲养方式、清粪方法、跨度及气候条件确定。跨度不大、平养及不太热的地区，鸡舍不必太高，一般鸡舍屋檐高度为2～2.5m。

（2）屋顶 屋顶由屋架和屋面两部分组成，要求隔热性能好。屋面要能防风雨、不透水并隔绝太阳辐射。我国常用瓦、石棉瓦或苇草等建造屋顶。平房鸡舍的屋顶形式有多种，前已讲述；楼房鸡舍的顶部多为平顶式。选择屋顶的形式，要考虑鸡舍的跨度、建筑材料、气候条件、鸡场规模以及可达到的机械化程度等因素。单坡式鸡舍一般跨度较小，适合小规模养鸡；双坡式和平顶式鸡舍跨度较大，适合大规模机械化养鸡；双坡歧面式鸡舍，采光和保温均较好，适合我国北方地区。

（3）墙壁 墙壁要求隔热性能好，能防御外界风雨侵袭。我国多用砖或石垒砌，墙外面用水泥抹缝，墙内用水泥或白灰挂面，以防潮和利于冲洗。

（4）门窗 门的位置要便于工作和防寒，一般将门设在南向鸡舍的南面。门的大小应以舍内所有设备及舍内工作车辆便于进出为度。一般单扇门高2m，宽1m；两扇门，高2m，宽1.6m左右。

窗的位置和大小关系到鸡舍的采光、通风和保温，开放式鸡舍的窗户应设在前后墙上，前窗应高大，离地面可较近，以便于采光。

窗户与地面面积之比，土鸡舍为1∶(8～12)，蛋鸡舍为1∶5。后窗应小，约为前窗面积的2/3，可远离地面，以利于夏季通风。密闭式鸡舍不设窗户，只设应急窗和通风进出气孔。

(5) 地基与地面　地基应深厚、结实。地面要求高出舍外，防潮、平坦，易于清刷消毒。

(6) 操作间与走道　操作间是饲养员进行操作和存放工具的地方。鸡舍的长度若不超过40m，则操作间可设在鸡舍的一端；若鸡舍长度超过40m，则应设在鸡舍中央。走道是饲养员进行操作的通道，其宽窄的确定要考虑到饲养员行走和操作方便。走道的位置可视鸡舍的跨度而定，鸡舍的跨度比较小时，走道一般设在鸡舍的一侧，宽度为1～1.2m；跨度大于9m时，走道设在鸡舍中间，宽度为1.5～1.8m，便于使用小车喂料。

(7) 运动场　果园林地养鸡应有宽阔的运动场（图4-24）。运动场应向阳，地面平整，排水方便；还应设有遮阴设备；其周围以围篱与外界相隔，以防鸡只串群和其他动物入侵。

图4-24　运动场

第五章

常用的设备用具

散养鸡与笼养鸡的一些设备是共有的，比如笼养鸡需要的饮水槽、料槽等，也是在散养时所必需的。

育雏是养鸡的最关键环节之一，无论是笼养蛋鸡还是散养蛋鸡，都是如此。

一、供温设备

供温设备是育雏期最常使用的，常见的供温设备包括煤炉（图 5-1）、电热伞（图 5-2）、红外线灯泡、烟道等。煤炉是最经济、最实用的设备。电热伞又叫保温伞，有折叠式和非折叠式两种，伞内侧安装有加温和控温装置（电热丝、电热管、温度控制器等），雏鸡可在伞下活动、采食和饮水。

图 5-1　煤炉

图 5-2　电热伞

常见误区：很多首次从事放养的人员，经常误认为散养鸡不用建鸡舍，放到山上就可以了，从而忽视了育雏环节！

二、通风设备

通风设备一般多在育雏舍中使用，雏鸡对温度和湿度的要求较高，鸡舍的密封性较好，但是也会由此导致鸡舍内部有害气体浓度过高，因此需要额外安装通风设备，及时排出有害气体。一般常用的通风设备有风机和湿帘（图5-3）。风机应集中设在鸡舍污道（排污口）一端的山墙上或山墙附近的两侧墙上，进气口设在风机相对一端山墙或山墙附近的两侧墙上，如图5-4所示。

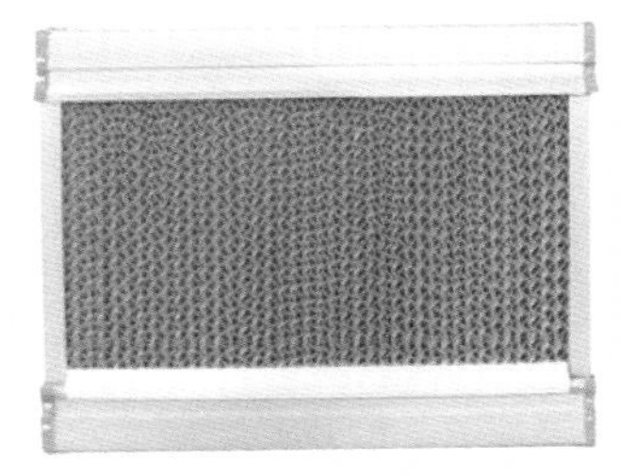

图5-3　湿帘

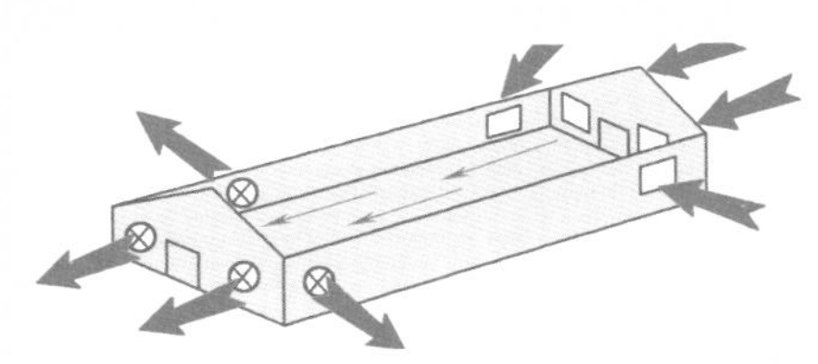

图5-4　鸡场通风设备安装位置示意图

塑料大棚鸡舍通风，可打开大棚下边的薄膜及山墙上的通风口和门，还可种植一些遮阳植物，或在顶部搭遮阳网。

三、照明设备

光照在鸡的饲养管理中起着很重要的作用。在昼短夜长的季节，靠白天的自然光照达不到要求的标准光照时数，此时就要补充人工光照。人工光照常用的照明设备有以下几种。

（1）白炽灯　它造型简单，寿命较短，但是电耗较高，如今正在被逐步淘汰（图5-5）。

（2）荧光灯　荧光灯（图5-6）是鸡舍必备的照明设备。通常叫作日光灯，它由镇流器、辉光启动器和荧光灯管等部分组成，开灯后，辉光启动器短时闪烁，促使镇流器激发荧光灯管内充气体放电，致使管壁荧光粉受温而发出可见光。这种灯具发光效率高、省电、寿命长、光色好，但价格较贵。

图 5-5　白炽灯

图 5-6　荧光灯

（3）紫外线灯　紫外线灯（图 5-7）与荧光灯的接线方式及构成完全一样，所不同的是灯管内壁不涂荧光粉，并用紫外线阻挡性较小的石英玻璃制成，灯管通电后发出紫外线，用于空气消毒、杀菌和饮水消毒。有研究报道，紫外线照射可促使胡萝卜素转化为维生素 A 和维生素 D，能增进鸡只的进食能力，使母鸡产蛋的蛋壳增厚，减少破蛋率。

（4）节能灯　节能灯可节省 75% 的电费，但它有专门的适配器，并且一次性投资较大（图 5-8）。

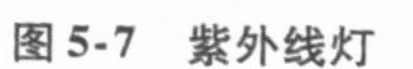

图 5-7　紫外线灯

图 5-8　节能灯

（5）便携式聚光灯　它是一种无绳充电型卤素聚光灯。它的功率大，光照距离可达数英里㊀，可随身携带，可充电。其塑料外壳有

㊀ 1 英里≈1609. 34m。

较高的防水和抗碰撞能力（图5-9）。它是家禽饲养场一种新型的照明设备。

图5-9 便携式聚光灯

四、喂料设备

喂料设备主要为食槽和料桶（图5-10）。笼养鸡都用长的通槽；自动化喂料采用的是上料机及链条式喂料机，平养鸡也可使用这种喂料方式，也可用饲料吊桶喂料。雏鸡要用饲料浅盘喂料。

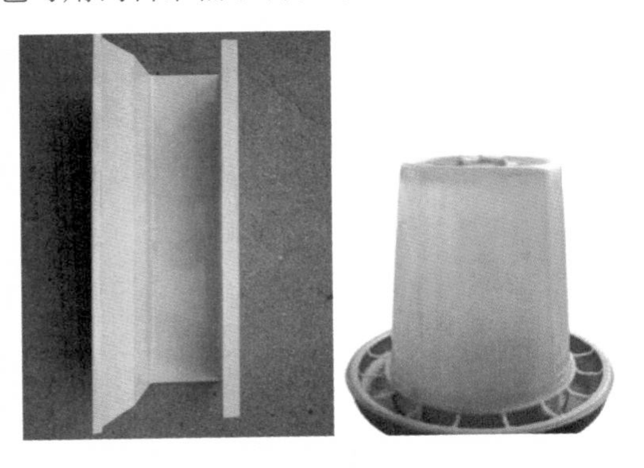

图5-10 食槽和料桶

食槽的形状影响到饲料能否被充分采食。食槽过浅、没有护沿，就会造成较多的饲料浪费。食槽一边较高、斜坡较大时，能防止鸡采食时将饲料抛洒出槽外。食槽的大小要根据鸡体的大小来设置。

五、产蛋设备

产蛋设备多为产蛋窝（图5-11）。土种蛋鸡在开产初期就要驯导其到指定的产蛋窝内产蛋，防止到处下蛋。建立一个产蛋安全、相对僻静的产蛋窝，驯导的方法是在产蛋窝内铺设垫草，并预先放入1枚鸡蛋或空壳蛋进行引蛋，引导产蛋鸡在预置的产蛋窝产蛋。产蛋窝的材料和性状因地制宜，或根据饲养规模统一制作。简易的产蛋窝有空心砖结构、木箱、编筐等，设置的数量根据鸡只的数量，一般每4～5只鸡设置一个产蛋箱。鸡产下第一枚蛋后，之后还会到同一个地方去下蛋，所以要让鸡形成固定下蛋的习惯。如果不注意引导，就容易把鸡蛋产到草丛中（图5-12）。

图5-11　产蛋窝

图5-12　草丛中产蛋的鸡

第六章

育雏期的饲养管理技术

一、育雏期的生理特点

育雏期是散养鸡比较特殊、难养的饲养阶段，了解和掌握雏鸡的生理特点，对于科学育雏至关重要。雏鸡与成鸡相比有如下生理特点：

（1）体温调节能力差 雏鸡个体小，自身产热少，绒毛短，保温性能差。刚出壳的雏鸡体温比成鸡低2～3℃，直到10日龄时才接近成鸡体温。体温调节能力到3周龄末才趋于完善。因此，育雏期要有加温设备，保证雏鸡正常生长发育所需的温度。

（2）代谢旺盛，生长迅速 雏鸡代谢旺盛，心跳和呼吸频率很快，需要鸡舍通风良好，保证新鲜空气的供应。雏鸡生长迅速，正常条件下2周龄、4周龄和6周龄体重分别为初生重的4倍、8.3倍和15倍。这就要求必须供给营养全面的配合饲料，创造有利的采食条件，如光线要充足，喂食器具安置合理，适当增加喂食次数和采食时间。雏鸡易缺乏的营养素主要是维生素（如维生素B_1、维生素B_2、烟酸、叶酸等）和氨基酸（赖氨酸和蛋氨酸），长期缺乏会引起病症，因此需要注意添加。

（3）消化能力弱 雏鸡消化道较成鸡短小，消化机能有一个逐渐完善的过程。雏鸡饲养要少吃多餐，增加饲喂次数。雏鸡饲粮中粗纤维含量不能超过5%，配方中应减少菜籽饼、棉籽饼、芝麻饼、麸皮等粗纤维高的原料，增加玉米、豆粕、鱼粉的用量。

（4）胆小、易惊、抗病力差 雏鸡胆小，异常的响动、陌生人进入鸡舍、光线的突然改变等都会造成惊群。生产中应创造安静的育雏环境，饲养员不能随意更换。雏鸡免疫系统机能低下，对各种

传染病的易感性较强，因此要严格执行免疫接种程序和预防性投药，增强雏鸡的抗病力，防患于未然。

（5）群居性强 雏鸡模仿性强，喜欢大群生活，一起采食、饮水、活动和休息。因此，雏鸡适合大群高密度饲养，有利于保温。但是雏鸡对啄斗也具有模仿性，密度不能太大，以防啄癖的发生。

二、育雏方式

根据不同养殖场的条件，育雏方式有以下几种：

（1）地面育雏 这是最传统的育雏方式。即在地面铺垫约8cm厚的垫料，原料为锯末、稻壳、玉米芯粉等均可（图6-1）。该方式简单易行，投资少。前期雏鸡小，可将其用围栏限制在热源周围，以节省能源。随着鸡日龄的增加，逐渐扩大饲养区域。鸡的粪便增多后，应不断添加新的垫料。因粪便较多而结块的垫料应及时清除，否则会使雏鸡感染白痢、球虫和肠炎等疾病。

图6-1 地面育雏

（2）网上育雏 即在距地面40～60cm处搭设网架，网架上铺设塑料网垫，粪便通过网眼漏到地面上（图6-2）。这种育雏方法较易管理，干净、卫生，可减少各种疾病的发生。网上育雏可提高饲养密度10%～15%，雏鸡几乎接触不到粪便，从而能够减少疾病的传染。

（3）雏鸡笼育雏 即采用各种规格的笼具，一般为3～4层，每层底部有接粪盘，笼周围有料槽，笼内用真空饮水器供水，每日可清除粪便（图6-3）。这种方式是目前比较好的育雏方式，既能经济有效地利用鸡舍的热能，又可提高劳动效率，减少疾病传染，提高雏鸡成活率。缺点是一次性投入大，对鸡舍通风要求较严格。

图 6-2　网上育雏

图 6-3　雏鸡笼育雏

三、育雏前的准备

1）育雏舍内外清扫后，舍内应使用高压清洗机冲刷干净，将舍内湿帘和风机处清洗消毒后密封好，鸡舍如有破损应及时修补好。检查干湿温度计是否完好、精确。将升温设备检修后备用。雏鸡第一周需饮用温开水，故应备好烧水设备。

2）采用地面平养的要铺好垫料（图 6-4）；笼养的要在育雏笼内铺好垫网。

3）检查育雏舍电路、电器并进行灯光调试。

4）育雏料、开口药等要提前采购到位。

5）在育雏前一周，将鸡舍、鸡笼、用具等用福尔马林熏蒸，彻底消毒，用消毒液对饮水器、料槽消毒后，清洗干净备用。舍内消毒须分三次进行：前两次间隔一周交替使用两种不同成分的消毒液；第三次每 $30m^3$ 用容器盛福尔马林1kg加高锰酸钾0.5kg熏蒸消毒（先用水将高锰酸钾稀释后再倒入福尔马林），密闭24～48h。

图6-4　铺好垫料的育雏舍

6）育雏舍保温设备调试好后，提前2d升温，将舍内温度提升到35℃左右，相对湿度保持在70%左右，预先进行模拟育雏。

四、雏鸡的选择和运输

1. 雏鸡的选择

1）应选择正规鸡场的鸡苗，保证鸡苗品种优良，种源可靠。在购进鸡苗时，要求对方严格履行产地检疫并开具检疫证，确保鸡苗的质量受法律监督和保护。要求种鸡场无垂直疾病（如沙门氏菌、传染性贫血、败血性支原体等），最近未暴发过疫情，因为这可以直接导致母源抗体低下及雏鸡抵抗力降低，对后期造成很大影响。种禽场要有优良的地理环境，具备良好的净化和隔离条件以及先进的养殖设备和孵化设备，具备先进的经营管理理念和良好的信誉，具备强大的售后服务能力，能解决养殖早期的技术难题。

2）雏鸡出壳时间短，脱水程度轻。将鸡苗抓在手里应感觉其挣扎有力，眼大有神，叫声洪亮，行动机敏，健康活泼，无任何明显的缺陷，如拐腿、斜颈、眼睛缺陷或交叉喙等。雏鸡大小和颜色均匀，身体清洁、干燥，绒毛松而长，带有光泽。腹部柔软，卵黄吸收良好；脐部愈合良好且无感染；肛门周围绒毛不黏结成糊状；脚的皮肤光亮如蜡，不呈干燥脆弱状。尽量选用同一批种鸡的后代，可保证母源抗体整齐度（图 6-5）。

2. 雏鸡的装运

1）雏鸡出壳后，经过一段时间的休息，注射马立克氏病疫苗后，即可进行接运。初生雏鸡在 36h 或 48h 以内，可以利用体内未吸收完的卵黄，这段时间可以不予饲喂，因此也是运雏的适宜时间。故接雏时间应安排在雏鸡绒毛干燥后的 36h 或 48h 以内。冬天宜在温暖的中午进行，夏天则宜在早晚进行。运送鸡苗的专车要空间大，有特制的货架供存放鸡苗盒子。有空调和良好的通风系统，具备防冻、防热、防闷、防颠功能，保证车况良好，证照齐全，确保安全运输（图 6-6）。

图 6-5　健康的雏鸡

2）雏鸡装运若密度过小，既浪费装运容器，增加运输成本，又不能使雏鸡相互取暖；若密度过大，又容易造成挤压死亡。故应选择专用的优质雏鸡包装盒，四周及上盖要打上若干个直径为 2cm 的通风孔，盒的长、宽、高尺寸合适，可内分 4 格，底部铺防滑纸垫，每格放 25 只鸡雏，每盒装 100 只，这样既有利于保温和通风，又可以避免鸡雏在盒内相互践踏或摇荡不安（图 6-7）。

图 6-6　运雏车

图 6-7　雏鸡的装运

3）在接运鸡苗时，养殖场要派专人押车，避免路途发生意外。运输途中要随时观察雏鸡的情况，确保鸡苗在运输过程中不被颠、不受冻、不受热、不受闷。如果发现雏鸡张嘴呼吸、叫声尖锐，表明车厢内温度过高，要及时通风（图6-8）；如果发现雏鸡扎堆，叽叽乱叫，表明车厢内温度过低，要及时做好保温工作。运输途中，车厢内最适宜温度是25℃左右。在进苗前要事先落实运输路线，选择路况好的路线，避免颠簸和交通阻塞，运输途中尽量不要停车，确保鸡苗快捷、安全地到达养殖场。

4）雏鸡到达目的地后，应对车体消毒后再进入场内。卸车速度要快，动作要轻、稳，并注意防风和防寒。鸡雏入舍30min后才能饮水（图6-9），再过至少2h后开食。

图6-8　运雏车内通风

图6-9　饮水

五、雏鸡的饲养管理

一般将脱温前的小鸡称作雏鸡，由于雏鸡生长速度较快，故对饲料营养要求较高。加之出壳不久的小雏鸡羽毛稀疏、抗病力不强，故对温度、环境卫生等各种外界条件要求都很高。因此，雏鸡阶段的饲养管理尤为重要。

1. 饮水

雏鸡进入鸡舍30min后开始饮水，第一周应饮用温开水，并保证饮水线和饮水器的洁净，注意观察饮水器的高度是否合适，以便于及时调整（图6-10）。

图6-10 适宜的饮水器高度

2. 喂料

雏鸡生长速度快，食量也很大，为满足生长需要，在10日龄前每天需要喂6次（其中夜间喂1次），10d后可减1次（日喂5次）。喂料量以能吃完、不浪费为宜。

3. 断喙

断喙是养鸡生产中重要的技术措施之一。断喙不但可以防止啄癖发生，还可节约饲料5%~7%。断喙要选择有经验的工人操作，如果断喙不当，易造成雏鸡死亡，生长发育不良，均匀度差，产蛋率上升缓慢或无高峰等后果，给养殖场带来很大的经济损失。

断喙采用断喙器，即用烧红后的电烙铁或铁片烧烙（图6-11），原理都是通过高温金属片把喙尖切（烙）下，并在刀片上灼烧2~4s，以防出血（图6-12）。

雏鸡断喙时间在7~10日龄较为合适，用断喙器将鸡上喙断去1/2，下喙断去1/3（指鼻孔到喙尖的距离），如图6-13所示。断喙前后2d要在饮水中加入抗生素和维生素K，起消炎和止血作用。断喙后要将饲槽中饲料的厚度增加，直到伤口愈合。断喙要在鸡群健康的状况下进行，以防更大的应激。

图6-11　断喙器

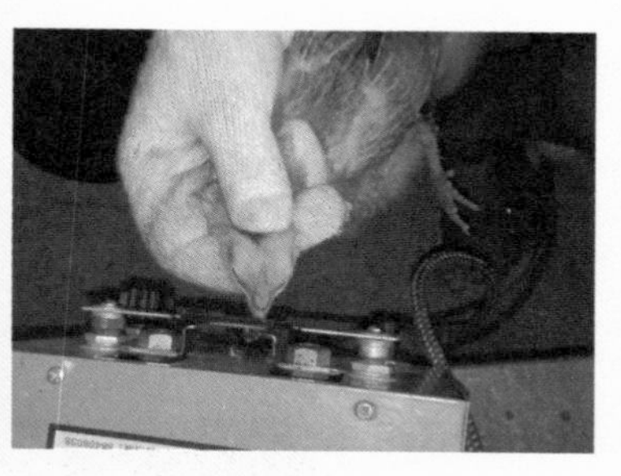

图6-12　灼烧

图6-13　断喙后的雏鸡

4. 日常管理

（1）温度要适宜　购进刚出壳的小鸡，第一周的室内温度应控制在32～35℃，以后每周下降2℃。调控好温度，不要光看温度表，认为达到了鸡群所需温度就合适了，而是要根据鸡群的状况表现来确定所需温度。表现：①温度正常时，雏鸡均匀分布，无明显扎堆现象，睡态伸展舒适，行动悠闲自在，食欲旺盛，饮水正常，叫声轻快，羽毛平整光亮；②温度低时，雏鸡靠近热源，并发出“叽叽”的叫声，互相挤压，缩颈弓背，羽毛蓬乱，眼半开半闭，身体发抖，行动缓慢，食欲差；③温度高时，雏鸡精神不振，远离热源，呈分散状，大量饮水，张口呼吸，食欲差，羽毛蓬乱。

（2）鸡群密度要适当　若密度过大，不利于吃料、饮水和自由

活动，势必会影响生长。密度过小又会浪费能源，不利于取暖保温，因此，鸡群密度要适当。一般以吃食、饮水要求都能满足，有一定活动空间为宜。随着日龄的增长还应及时扩群（图6-14）。

图6-14 鸡群密度图

（3）光照要求要合理 育雏室要有充足的光线，平房最好安装玻璃门窗。楼房或其他育雏室的南向应有窗户，尽量让太阳照入。光线太弱的育雏室应安装电灯，但功率不能太大，一般应为小灯多点安装。光线过强会发生恶癖，太暗则不利于吃食、饮水和饲养人员对鸡群的观察。一般育雏室以35lx为宜（表6-1）。

表6-1 不同阶段的光照需求

<table>
<tr><th rowspan="2">品　种</th><th colspan="3">不同阶段光照强度需求</th><th rowspan="2">备　注</th></tr>
<tr><th>育雏期</th><th>育成期</th><th>产蛋期</th></tr>
<tr><td>海兰褐</td><td rowspan="4">35lx</td><td rowspan="4">逐步递减至5lx，到开产再按各品种要求加光</td><td>20～30lx</td><td>实际生产控制在10～30lx均可</td></tr>
<tr><td>罗曼粉、农大系列、尼克珊瑚粉</td><td>10～15lx</td><td>白毛粉鸡对光照敏感、易啄羽，光照在10～15lx足够</td></tr>
<tr><td>海兰灰、京红、京粉</td><td>10～20lx</td><td>光照控制在10～20lx</td></tr>
<tr><td>中国地方品种蛋肉兼用型</td><td>20～30lx</td><td></td></tr>
</table>

（4）要注意通风，保持舍内空气清新 雏鸡新陈代谢旺盛，通过呼吸排出二氧化碳，排出的粪便产生大量氨气，这些不良气体如果蓄积过多，就会对雏鸡生长不利，二氧化碳浓度过高会使舍内缺氧，甚至引起雏鸡死亡。氨气浓度高于20ppm（$1ppm=10^{-6}$）会引起肺水肿、充血和其他疾病，浓度更高时会刺激黏膜，引起流泪，流鼻液，并诱发上呼吸道疾病，所以氨气应控制在10ppm以下。因此，育雏舍应注意通风换气。设有对流窗的要定时开窗换气，无对流窗的应使用风机定时换气。但同时应该注意进气不能过大，也不能让室外凉风直吹到鸡身上，以防突然降温引起雏鸡着凉感冒。

（5）要按时防疫 育雏阶段的防疫工作很重要，必须按时防疫，为后期饲养打下良好基础。推荐免疫程序见表6-2。

表6-2 推荐免疫程序

日龄	免疫项目	方式	用量
1	马立克	皮下注射	
7～8	新城疫＋传染性支气管炎＋禽流感H9亚型	皮下注射	0.3mL
	传染性支气管炎Ma5株＋新城疫Clone30株	点眼滴鼻	1倍量
13～14	法氏囊	滴口	1倍量
23～25	法氏囊	饮水	2倍量
28～30	禽流感H5亚型	皮下注射	0.4mL
37～40	新城疫＋禽流感H9亚型	皮下注射	0.4mL
50～60	禽流感H5亚型	皮下注射	0.5mL
70～80	新城疫Clone30株	饮水	2倍量
110	禽流感H5亚型	肌内注射	0.6～0.7mL
120	新城疫＋传染性支气管炎＋产蛋下降综合征	肌内注射	0.7～0.8mL
130	禽流感H9亚型	肌内注射	0.7～0.8mL

注：以后每两个月饮水免疫一次新城疫Clone30株。每2～3个月注射一次禽流感H5亚型＋禽流感H9亚型疫苗。

第七章

放养期的饲养管理技术

第一节 育成期的饲养管理技术

一、尽量避免育雏期到育成期的应激

随着日龄的增加，鸡只的采食量逐渐增大，体重增加。体温调节机能逐渐完善，抗寒能力也逐步增强。育雏期到育成期最大的应激来源于脱温，所以一定要掌握好脱温时机。春雏和冬雏一般在30～45日龄，夏季和秋季雏鸡脱温较早，冬天一般相应延后。脱温时期的早晚应根据气温高低、雏鸡品种、健康状况、生长速度等情况而定，要灵活掌握。在实际养鸡生产中，应该根据实际情况进行，特别是在冬天，若脱温后不久，天气突然变冷，应该立即进行供温。因此，雏鸡脱温应该注意天气变化和雏鸡的活动状态，采取相应的措施，防止因温度降低而造成损失。

二、调　教

调教是指在特定环境下给予特殊指令或信号，使鸡只逐渐形成条件反射或产生习惯行为。果园林地养鸡，鸡只可以自由活动、采食，给饲养管理工作带来了一定的困难。因此，鸡只从小就要进行调教，让鸡只养成良好的条件反射，以便鸡群的管理。特别是遇到刮风、下雨、冰雹，或遭遇老鹰、黄鼠狼侵袭时，利于在统一指挥下进行规避。

1. 饲喂和饮水的调教

从育雏期开始，每次喂料时给予鸡群相同的信号（吹口哨、敲打料盆等），使其形成条件反射（图7-1）。一般以一种特殊的声音

作为信号，这种声音应柔和而响亮，持续时间可长可短。放养后通过该信号指挥鸡群回舍、饲喂、饮水等活动。坚持固定饲养人员，饲喂、饮水定时、定点，逐渐调教，让鸡只养成白天野外采食，晚上返回鸡舍补料、饮水、休息的习惯。喂食调教前应使鸡有一定的饥饿时间，然后一边给予信号，一边喂料，喂料的动作尽量使鸡能够看到，每天反复几次，一般3d左右可建立调教反射。

图7-1　建立调教反射

2. 放养前的试调教

放养前一天下午或傍晚一次性把需要放养的鸡只转入散养鸡舍，第二天早晨天亮后不要马上放鸡，先让鸡在鸡舍内停留较长一段时间，以便熟悉新环境。等到上午9点以后再放出喂料。饲槽放在离鸡舍1~5m远的地方，让鸡自由采食，并设置围栏限制其活动范围，然后再不断扩大放养面积。

3. 远牧的调教

很多鸡只的活动范围较窄，尽管远处有丰富的饲草资源，它们宁可忍饥挨饿，也不远行一步。对鸡只的调教，一般由两人操作。一人在前面慢慢引导前行，按照一定的节奏给予一定的语言口令，一边撒少量的食物作为诱饵，另一人在后面驱赶鸡群前行，同时发出驱赶语言口令，直到到达牧草丰富的地方。这样连续几日后，鸡群即可逐渐习惯往远处采食（图7-2）。

图7-2　调教好的远牧鸡群

4. 归巢的调教

傍晚前，在远处查看放牧地是否有仍在采食的鸡，并用信号引导其往鸡舍方向返回。如果发现个别鸡在舍外夜宿，应将其捉回鸡舍圈养起来，并将其在外营造的窝破坏。第二天早晨晚些时间将其放出采食，傍晚，再检查其是否在外宿窝。如此几次后，便可按时归巢。

冬季早晚气温较低，应晚放早归，但应保证放牧前和归巢后的饲喂；夏季可早放晚归，注意其间的饮水和遮阴。时时关注天气预报，雷雨到来之前让鸡回巢，一旦不能回巢，鸡会被暴雨淋死或被水淹死。

5. 上栖架的调教

在开始转群时，每天晚上打开手电筒，查看是否有卧地的鸡，应及时将其捉到栖架上。经过几次调教之后，鸡就能按时按次序上栖架（图7-3）。

图7-3　标准化牧养鸡舍

三、分　群

分群是根据放牧条件和鸡的具体情况，将不同品种、不同性别、不同年龄和不同体重的鸡分开饲养，以便于有针对性地进行管理。

1. 分群的基本原则

根据鸡群的健康活动情况进行分群，本地鸡活泼好动，群体应适当大些；青年鸡采食量小，饲养密度和群体也应适当大些；另外

根据植被情况分群，植被生长茂盛的地方，群体可以适当大些，而植被较差的地方，饲养密度和群体不应过大。

2. 分群的注意事项

（1）切忌大小混养 不同日龄、不同体重和不同生理阶段的鸡混养在一起，无法有针对性地饲养和管理，也不利于疾病的控制和防疫。

（2）切忌群体过大 一般每公顷草地容纳鸡的数量以 300～450 只为宜，好的草场每公顷可容纳鸡达 600～750 只，最高不宜超过 1200 只。一个饲养单位的面积应控制在 0.7～3.1ha，一般群体应控制在 300～500 只。

群体过大会严重影响草生长，使草地退化，鸡在野外获得的营养较少，主要依靠人工饲喂（图 7-4）。鸡留恋于鸡舍附近，不仅会增加饲养成本，还会影响鸡的生长发育和产品品质。饲养密度过大，还会使疾病发生率较高，也容易发生啄肛、啄羽和打斗等情况。

图 7-4 人工喂养

（3）提倡公母分养 一般公鸡羽毛长得较慢，争斗性较强，同时对蛋白质及其中赖氨酸等的利用率较高，因而增重快，饲料效率高。此外，公鸡个体壮，竞食能力强。而母鸡由于内分泌激素方面的差异，沉积脂肪能力强，因而增重慢，饲料效率差。实行公母分养（图 7-5 和图 7-6），使其各自在适当的日龄上市，便于实行适宜不同性别的饲养管理制度，有利于提高整齐度和商品率。

图 7-5　公鸡群

图 7-6　母鸡群

四、围栏筑网与划区轮牧

围栏筑网的目的，一是在鸡放养初期限制其活动范围，防止丢失，以后再逐渐放宽活动范围，直至自由活动；二是鸡只有一定的群居性，如果将鸡只限定在一个较小的范围内，草地容易形成“近处光秃秃，远处绿油油”的状况，围栏筑网，将较大的鸡群隔离成若干小的鸡群，可避免以上情况出现；三是在果园林地喷药期间，应该停止放牧 1 周以上，实施围栏筑网后，喷洒农药可以有计划进行，将鸡放牧于没有喷药区域或喷药 1 周以上的地方。

一般 3 ~5 亩林地划为一个牧区，每个牧区用尼龙网隔开，这样既能防止老鼠、黄鼠狼等对鸡群的侵害和带入传染性病菌，便于管理，又有利于食物链的建立（图 7-7）。待一个牧区草虫不足时再将鸡群赶到另一牧区放牧，而在养鸡数量少和草虫不足时期可不分区。

图 7-7　围栏筑网

第二节 育成期的放养管理

一、检查设施

查看围栏是否有漏洞，如有应及时修补，以减少鼠害、蛇等天敌的侵袭造成鸡的损失。在放养地搭建固定式鸡舍，便于鸡群在雨天和夜晚歇息。在放养前灭一次鼠，确保主要药物不会毒死鸡只。检查垫料是否受污染或霉变，以及松软程度和干燥度等。提前对鸡棚下地面进行平整、夯实，然后喷洒生石灰水等进行消毒。

二、设计好放养密度

放养密度要根据不同果园林地进行设置。阔叶林和竹林的承载能力为每年每亩 140 只左右，每年饲养两批，密度为每批每亩 70 只左右。果园的承载能力为每年每亩 100 只左右，每年饲养两批，每批每亩 50 只左右。

三、让鸡只逐渐适应环境

放养后初期，鸡只由于突然更换新的环境，需要对新环境逐渐适应。在此阶段，要注意观察鸡群，严防鼠害骚扰。同时保持草场内安静，避免噪声污染。饲喂动作要轻、慢，外人不得进入鸡舍，固定饲养人员，采取措施防止因环境变化而发生惊群、惊飞（图 7-8）而撞伤或撞死。

图 7-8 防惊飞

四、提高育成鸡的均匀度

鸡群的均匀度是指群体中体重在平均体重上下10%范围内鸡只所占的百分比。均匀度对产蛋性能有直接的影响，一个良好的育成鸡群，不仅体重符合标准，而且均匀度高。均匀度在70%~76%，说明鸡群合格；均匀度在77%~83%，说明鸡群较好；均匀度在84%以上，说明鸡群很好。提高均匀度的方法包括小群饲养，每群以500~1000只为宜；挑出过大和过小的鸡，分开单独饲养；对于体重小的鸡，增加喂料量和喂量次数；对于体重大的鸡，喂料量增加幅度减小。

五、控制性成熟的措施

（1）控制光照　育成期尽量避免长光照。育雏期末转群第一天应整夜照明，光照强度为3W/m^2。密闭式鸡舍18周前保持每天8~12h的恒定光照；开放式或半开放式鸡舍采用自然光照，如果春季开始育雏，日照时间逐渐延长，会使性成熟提前；如果秋季开始育雏，自然光照时间应逐日缩短，以符合育成鸡的生理要求。

（2）限制饲喂　限制饲喂是为了控制体重，从而控制性早熟。如果体重超标，每天每只鸡的饲料量控制在标准量的90%~92%。限饲可从7~8周龄开始，不能减少喂料，而是减缓饲料量增加的幅度。限制饲养时要喂料均匀，并经常匀料，防止有些鸡吃得过多，而有些鸡采食不足，这样才能保证鸡群生长发育的整齐度。

第三节　产蛋期的饲养管理

一、产蛋前的准备

经常做好鸡舍的卫生防疫工作，坚持每周用消毒药对鸡舍进行带鸡消毒。认真执行免疫程序。平养的育成鸡，应在多雨季节做好球虫病防治工作，平养的育成鸡更要注意及时投药，预防细菌性疾病，用药不能单一，要经常更换。夏季蚊虫多，应提前做好鸡痘苗

刺种。16～18 周提早做好上产蛋笼的准备，并准备好产蛋箱（图 7-9），避免推迟上笼，减少初产应激。

图 7-9　产蛋箱

二、开产前的饲养管理

果园林地养鸡一般以 19～21 周龄为开产前期，在此期间的管理重点为调整体重、光照时间、饲料营养、环境控制条件，让鸡群适时开产，为产蛋期做好准备。此阶段要进行选留淘汰、免疫接种、饲料更换和增加光照等一系列工作，很容易造成应激，而且这段时间母鸡生理变化剧烈、敏感，适应力较弱，受外界环境影响较大，因此此阶段的饲养管理尤为重要。

（1）温度的控制　为了满足果园林地产蛋期的温度需要，在散养区域除了建设鸡棚外，还要种植高大的树木供夏季遮阴（图 7-10）。棚舍内要有必要的风机进行降温，开放性的棚区内有塑料薄膜覆盖，作为冬季保温（图 7-11）。

图 7-10　舍外的树木遮阴

图 7-11　棚内保温设施

（2）光照的控制　在鸡舍内要有必要的照明灯具，在早晨、晚上、阴天、下雨等光线不足的情况下补充光照，满足产前增加光照的需求。

（3）湿度的控制　运动场应选用砂型土壤，鸡舍内应保持干燥，保证通风良好，避免高湿引起舍内氨气浓度升高。

三、产蛋高峰期的饲养管理

（1）维持相对稳定的环境　最适合的鸡舍产蛋温度为13～18.5℃，低于9℃或高于29℃就会引起蛋鸡产蛋率的下降，而且公鸡的精液品质也会受到影响，致使受精率和孵化率明显下降。鸡舍的相对湿度应控制在60%左右，主要是防止受潮。另外舍内还要做好通风换气工作，确保舍内有新鲜的空气，保障氧气的充足，尽可能及时排除氨气和二氧化碳等有害气体。产蛋期间光照要求15～16h，目前在高产蛋鸡中推广的14h＋1h光照程序（白天14h光照，晚上加1h）也能很好地满足产蛋期蛋鸡的要求。饲养密度要合适，公鸡笼尽量保证每笼一只。

（2）更换饲料　当产蛋率上升为50%以后，要更换产蛋高峰期饲料，使粗蛋白质达到18.5%。为了提高种蛋的受精率和孵化率，应选择优质的饲料原料，增加多种维生素的添加量。

（3）减少应激　进入产蛋高峰期的土鸡，一旦受到外界的不良刺激，就会出现惊群、应激反应。比如异常的响动、陌生的人员进入、饲料的突然改变、突然断水等。后果是采食量下降，产蛋率和受精率也同时下降。在日常的管理工作中，要坚持固定的工作程序，各种操作要轻，饲养人员每天穿工作服，形成一定的规律。开产前要做好各项疫苗的免疫接种，避免在高峰期进行。

（4）适当淘汰　为了提高饲养土种蛋鸡的效益，在进入产蛋期以后，根据生产情况适当淘汰产蛋率低的鸡是一项很有意义的工作。产蛋率在50%时，进行第一次淘汰；进入高峰期后进行第二次淘汰；产蛋后期每周淘汰1次。主要根据外貌特征及行为特点鉴别高产鸡与低产鸡。高产鸡主要表现为：反应灵敏，两眼有神，肛门松弛、湿润，容易翻开；低产鸡主要表现为：反应迟钝，两眼无神，肛门小、收缩，腹部弹性小等。

第八章

疾病防治技术

第一节 做好日常工作

一、加强饲养管理，提高鸡群抗病能力

良好的饲养管理和全价营养是保证鸡群健康无病的必要条件。合理的密度是非常重要的。通风不良会给饲养带来最大的危害，但凡有少量的细菌和病毒，就可能被鸡吸入，引起疾病。养鸡采用全进全出制，在鸡场如果饲养不同品种、不同日龄的鸡群，就会给防疫工作带来很大的难度。温度因素也非常重要，不能忽高忽低，尤其对雏鸡更是十分关键。

二、建立健全卫生防疫制度

健全的卫生防疫制度是维护鸡群健康的重要保证。为了加强鸡场疾病的预防和控制，切断疫病的传播途径，需要制定相关的防疫制度并严格执行。

（1）严格执行防疫制度 严格执行国家和地方政府制定的动物防疫法及有关畜禽防疫卫生条例。

（2）阻断病源的传入和传播

1）鸡场出入口设消毒池，池内保持有效消毒液（可使用2%的氢氧化钠），加强进出人员及车辆的消毒工作。

2）任何其他禽及其禽产品不得带入生产区。

3）饲养人员每天要保持环境清洁卫生。

4）生产区每周消毒1次，工作区和周围环境两周彻底消毒1次。

5）任何外来人员只有在得到负责人或兽医部门批准后方可进入生产区，进入前必须更衣、消毒，穿全封闭一次性工作服在技术员的陪同下进入。

6）场内兽医人员不得对外诊疗鸡只及其他动物的疾病。

7）生产人员不得随意离开生产区，在生产区须穿工作服和胶靴，工作服应保持清洁，定期消毒。

（3）严格淘汰

1）饲养人员每天观察鸡群，每天早晨放牧后到鸡舍角落及其他偏僻处查看有无离群独居、精神状态不好的鸡只，发现后立即淘汰。

2）经技术员同意后饲养人员方可对淘汰鸡进行无害处理，即于离饲养基地3km以外定点深埋。

（4）传染病应激措施

1）当鸡群发生疑似传染病时，立即采取隔离措施，同时向上级业务主管部门报告并尽快加以确诊。

2）当场内或附近出现烈性传染病或疑似烈性传染病病例时，立即采取隔离封锁措施，并向上级业务主管部门报告。

3）场内发生传染病后，如实填报疾病报表，该次传染终结后，做好专题总结报告，留档同时上报上级主管部门。

4）决不调出或出售传染病患鸡和隔离封锁解除之前的健康鸡。

（5）防疫保健

1）技术员组织制订基地防疫计划的实施。免疫计划以技术员发布的程序为准。

2）对场内职工及其家属进行兽医防疫规程宣传教育。

3）定期检查饮水卫生以及饲料的加工、贮运是否符合卫生防疫要求。

4）定期检查鸡舍、用具、隔离舍和鸡场环境卫生和消毒情况。

5）技术员要有台账记录，详细记录每天的诊疗情况，如兽医诊断、处方、免疫等内容。

6）保健工作遵照《兽药使用准则》（NY/T472—2013）以及有关的法律法规执行。

7）配合检疫部门每年进行两次鸡群新城疫、禽流感等的检测。

8）妥善保管各种检测报告书，省级检测报告书保存期为三年，市级检测报告书保存期为两年。

9）加强医疗器械管理，必须先消毒后使用。医疗器械及设备由保管员保管，如有缺损，应在一个星期内补购或维修，确保处于随时可用状态。

三、制定科学合理的免疫程序

在不同的饲养管理方式下，传染病发生的情况及免疫程序的实施情况有所差异。在先进的饲养管理方式下，养禽场一般不易受强毒的攻击，且免疫程序实施较为彻底；在落后的饲养管理水平下，家禽与各种传染病接触的机会较多，免疫程序不一定得到彻底落实，此时免疫程序设计就应考虑周全，以使免疫程序更好地发挥作用。一般而言，饲养管理水平低的养禽场，其免疫程序比饲养管理水平高的养禽场复杂。控制好疾病传播，预防是根本。免疫程序及疫苗使用注意事项根据不同的鸡场会有所不同。在制定免疫程序的时候可以依据以下几个方面：

（1）鸡场发病史 制定免疫程序时必须考虑该场已发疾病、发病日龄、发病频率和发病批次。依此确定投苗免疫的种类和免疫时机。

（2）鸡场原有的免疫程序和免疫使用的疫苗 如果某一传染病始终得不到控制，这时应考虑原来的免疫程序是否合理或疫苗毒株是否对号。

（3）雏鸡的母源抗体 了解雏鸡的母源抗体的水平、抗体的整齐度和抗体的半衰期及母源抗体对疫苗不同接种途径的干扰，有助于确定首免时间。比如传染性法氏囊病（IBD）母源抗体的半衰期是6d，新城疫（ND）为4～5d。对呼吸道类传染病首免最好是滴鼻、点眼、喷雾免疫，这样既能产生较好的免疫应答，又能避免母源抗体的干扰。

（4）季节与疫病发生的关系 有许多疾病受外界影响很大，尤其在季节交替、气候变化较大时常发，如肾型传支、慢性呼吸道病，免疫程序必须随着季节有所变化。

（5）了解疫情　如果附近鸡场暴发传染病，除采取常规措施外，必要时应进行紧急接种。对于重大疫情，本场如果还没发生，也应考虑免疫接种，以防万一，如变异传染性支气管炎。对于烈性传染病，应考虑死苗和活苗兼用，同时了解活苗和死苗的优缺点及相互关系，合理搭配使用。如新城疫、肾型传染性支气管炎、变异传染性支气管炎等。

四、注重平时的药物预防

1. 药物预防的作用

在家禽生产中，合理用药不仅可以有效地预防和治疗疾病，而且还能促进家禽的生长。对鸡来说，疫苗预防的作用是非常明显的，但疾病种类太多，并不是所有的病都有疫苗可防。而且如果所有的病都用疫苗来防，几十种疫苗注射，会对鸡的生产带来非常不利的影响。同时，养鸡过程中难免遇到一些无法控制的应激因素，单纯靠鸡自身的抵抗力，不足以抵抗疾病，那么适当地添加药物，有针对性地预防相关疾病就非常有必要了。

2. 药物预防的时机

1）一个鸡舍已经发生疾病，要根据这个鸡舍可能发生的疾病种类，提前进行药物预防。

2）每批次鸡都可能在这一阶段患一种病，这就需要根据上次发病的种类提前进行预防。

3）特殊时期，如高温季节，饲料中应添加防暑药物。

3. 药物预防的用药品种

一种是增强机体抵抗力的药物，如黄芪多糖、电解多维等；一种是防止细菌感染的抗生素类；还有一种是特殊时期的用药，如高温季节使用碳酸氢钠，大风降温时使用吗啉胍，长途运输时使用抗应激药物。

4. 药物预防的用量

如果体内无菌，则无须用药；如果体内有菌，但用药浓度达不到，不但不能杀灭细菌，反而使细菌产生抗药性，所以笔者的观点是预防用量也就是治疗用量。

第二节 用药措施

应用药物预防和治疗家禽疾病是对生物安全的补充措施，也是保持养禽业健康快速发展的重要举措之一。养禽生产者应严格掌握各种药物的药理知识，正确诊断疾病，结合家禽生理特点，准确选用药物，真正做到用药正确及时、经济有效，只有这样才能提高药物的防治效果，减少耐药菌株的产生，降低或消除药物的不良反应，有效防治家禽的各种疾病，确保养禽业的健康发展，获得较好的经济效益。生产中给药需要注意以下几个方面。

一、给药时间

（1）需要空腹给药（料前1h）**的药物** 阿莫西林、氨苄西林、头孢类（曲松除外）、多西环素、林可霉素、利福平、盐酸苯丙醇胺、环丙沙星、培高利特甲磺酸盐。

（2）料后2h给药的药物 罗红霉素、阿奇霉素、左旋氧氟沙星。

（3）需要定点给药的药物

1）地米磷酸钠：治疗禽的大肠杆菌败血症、腹膜炎、重症菌毒混合感染，将2d的用量于上午8点一次性给药，可提高效果，减轻撤停反应。

2）氨茶碱：将2d的用量于晚间8点一次性给药。

3）氯苯那敏、盐酸苯海拉明：将1d的用量于晚间9点一次性给药。

4）蛋鸡补钙：如葡萄糖酸钙、乳酸钙，早晨6点给药效果最好。

（4）需要喂料时给药的药物 有脂溶性维生素、红霉素等。

（5）关于中药 用于治疗肠道疾病、输卵管炎、卵黄性腹膜炎时，宜晚间料后一次性给药。

二、给药次数

（1）浓度依赖型杀菌药 取决于用药浓度而不是用药次数，如

氨基糖苷类、喹诺酮类，用2倍量。

（2）抑菌药　取决于用药次数而不是用药浓度，如红霉素、林可霉素。

（3）半衰期长的药物　如地米磷酸钠、阿托品、盐酸溴己环铵等，1天1次。

（4）可1天1次的药物　如头孢曲松、氨基糖苷类、多西环素、氟苯尼考、阿奇霉素、琥乙红霉素、克林霉素、粘杆菌素、磺胺间甲氧嘧啶钠、阿托品、盐酸溴己环铵等。

（5）可2d给药一次的药物　如地米磷酸钠、氨茶碱。

（6）其他　多为1天2次给药。

三、给药间隔

正确的用药间隔时间为12h，白天2次用药间隔时间要保证在10h以上。

四、给药方法

除了饮水、拌料外，还可考虑以下方法。

喷雾：如利巴韦林、氨茶碱、麻黄碱、氯苯那敏、克林霉素、阿奇霉素、单硫酸卡那霉素、氟苯尼考等。

重症感染时可以考虑喷雾和肌内注射相结合。

五、疗程和停药时间

疗程根据病情而定。通常解除表征后，如止泻、退热、平喘、采食及精神恢复等，最好再用药2～3d。对于重症或不明原因的混合感染，需要再用药3～5d。

六、用药因素

1. 疾病状态

肾肿：不要选择容易造成肾脏肿胀的药物，如氨基糖苷类、喹诺酮类、多黏菌素E等，可选头孢类、利福平等治疗。如果药物是通过肾脏排泄的，要适当减量1/4后，一日用药1次。

2. 种别

肉鸡为酸性体质，用恩诺沙星钠治疗效果不好。

3. pH 的影响

（1）需要在碱性环境中使用的药物 庆大霉素、利福平（pH 小于9）、阿奇霉素、恩诺沙星钠、磺胺类。

（2）需要在酸性环境中使用的药物 多西环素。

（3）需要在中性环境中使用的药物 青霉素类、头孢类。

4. 水质

重金属离子对多西环素、喹诺酮类有很大的影响，一般需要水质改良螯合剂，一般在100kg 水中加10g 乙二胺四乙酸二钠。

七、药物分类

（1）繁殖期杀菌剂 青霉素类、头孢类、多肽类。

（2）静止期杀菌剂 氨基糖苷类、喹诺酮类、安沙类。

（3）速效抑菌剂 四环素类、氯霉素类、大环内酯类、林可胺类。

（4）慢效抑菌剂 磺胺类、卡巴氧类、甲氧苄啶。

第三节 常见疾病防治

一、禽流感

禽流感（avian influenza，AI）是禽流行性感冒的简称，它是由A型流感病毒引起的家禽和野禽的一种从无临床症状到出现呼吸道疾病和产蛋下降，或严重的全身性疾病的传染病。高致病性禽流感（HPAI）被世界动物卫生组织和我国均列为A类传染病。

禽流感病毒存在于病鸡所有组织、体液、分泌物和排泄物中。禽流感病毒能凝集鸡和某些哺乳动物的红细胞，并能被特异性抗血清所抑制。

【流行特点】 家禽中以鸡和火鸡的易感性最高，病禽和带毒

禽是主要传染源，特别是鸭带毒比其他禽类严重，带毒候鸟和野生水禽在迁徙中，沿途散播禽流感病毒。本病传播途径为气源呼吸道和通过排泄物或分泌物经口传染，也可经损伤的皮肤和眼结膜传染。发病或带毒水禽造成水源和环境污染，对扩散本病有特别重要的意义。母鸡感染可造成蛋壳和蛋内容物带毒。禽流感病毒可使鸡胚致死，蛋内污染病毒的种蛋不能孵出雏鸡。

禽流感的发病率和死亡率差异很大，这取决于禽的种类和感染的血清型以及年龄、环境和有无并发感染等。本病一年四季均能发生，但在天气骤变的晚秋、早春以及寒冷的冬季多发。饲养管理不当、营养不良和内外寄生虫侵袭均可促进本病的发生和流行。

【临床症状】 禽流感的潜伏期一般为3～5d。潜伏期的长短与病毒的致病性高低、感染强度、感染途径和感染禽的种类及日龄等有关。

(1) 高致病性禽流感（HPAI） 多数情况下不出现早期症状，发病后急剧死亡，死亡通常发生在感染后的1～2d。病情较缓和的主要表现为精神沉郁，体温迅速升高，可达42℃以上，采食饮水明显减少，冠和肉髯肿胀、发绀（图8-1）、出血甚至坏死。有的病鸡出现头颈震颤、转圈、共济失调、不能站立等神经症状。由于鸡的活动性下降，鸡舍异常安静。发病率和病死率为50%～89%，有的达100%。

图8-1　冠和肉髯发绀

(2) 低致病性禽流感 本病多发于1月龄以上的家禽，主要是成年产蛋鸡感染发病，鹌鹑、鸭、鹅也可感染发病。也有15日龄鸡发病的报道。潜伏期从几小时至3d不等。主要表现为精神沉郁，不愿活动，采食量下降，产蛋下降，下降幅度为30%～90%；轻度至严重的呼吸道症状，咳嗽，打喷嚏，发出啰音，流泪；头部、肉髯水肿、发绀；间或排黄白绿稀便。

【病理变化】

（1）高致病性禽流感 最急性的无明显的病理变化。口腔、腺胃、十二指肠和盲肠扁桃体出血，肌胃角质层下出血、溃疡。胸部肌肉、腹壁脂肪有点状出血（图 8-2）。气管黏膜水肿，并伴有浆液到干酪样渗出物。法氏囊和胸腺萎缩或呈黄色水肿、充血、出血。母鸡卵泡充血、出血、变形，卵黄液稀薄，严重者卵泡破裂，常见卵黄性腹膜炎。输卵管水肿、充血、出血（图 8-3），内有脓性黏液或干酪样物质（图 8-4）。

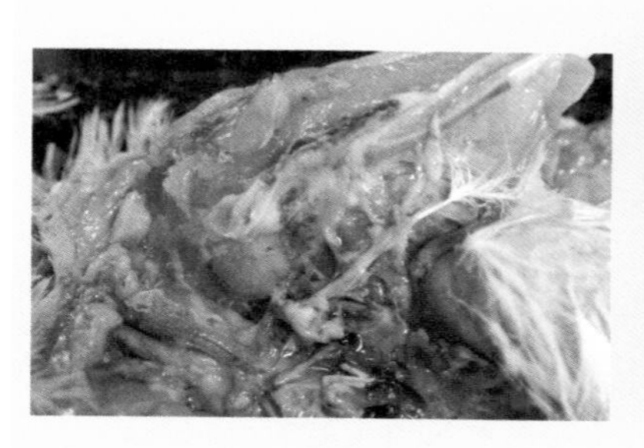

图 8-2 胸骨内膜出血

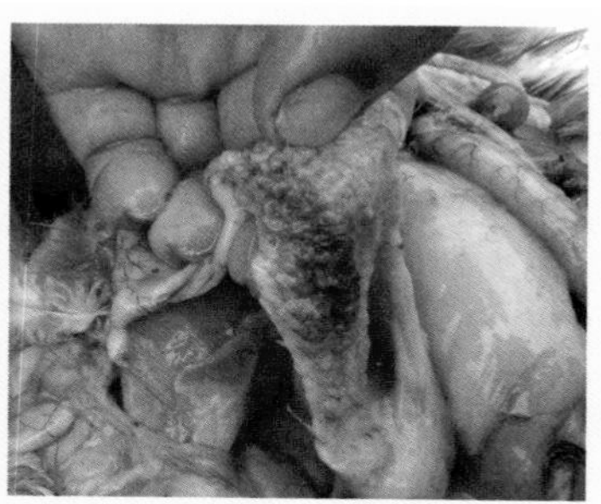

图 8-3 输卵管黏膜出血

（2）低致病性禽流感 鸡冠轻度发绀，有的病鸡头颈部皮下胶样浸润。病变主要在呼吸道，尤其对窦的损害严重。眶下窦有浆液性到浆液脓性渗出物。喉头有针尖大出血点，气管黏膜水肿、充血并间有出血，气管黏液从浆液到干酪样物不等，有时造成气管阻塞。

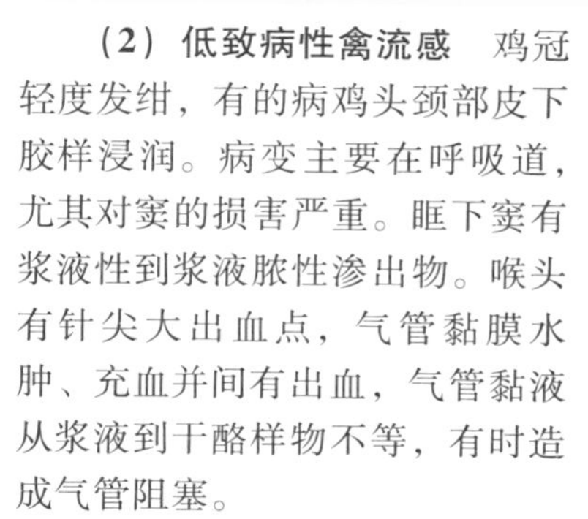

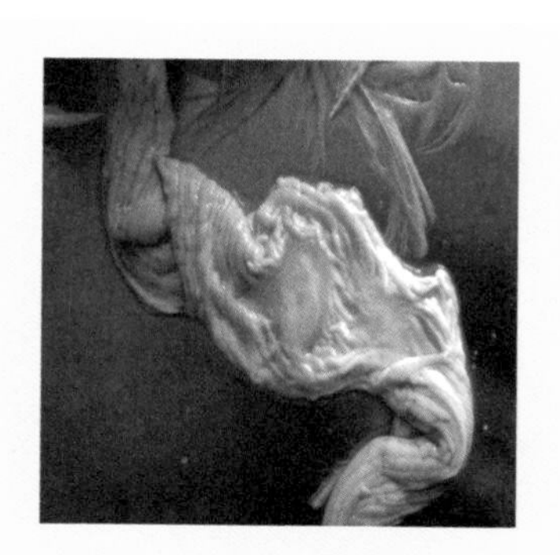

图 8-4 输卵管内脓性分泌物

【实验室诊断】 根据临床诊断综合分析或通过禽流感抗体检测可做出初步判断。确诊必须检测病毒抗原或基因，或分离鉴定禽流感病毒。

病料采集：在发热初期采取新鲜鼻液，或用灭菌棉棒擦拭鼻咽

部分泌物。死亡后采取气管、肺、脑、气囊及渗出物等。

诊断方法有病毒的分离与鉴定、RT-PCR 分子生物学诊断、神经氨酸酶抑制试验和血凝抑制试验、病毒中和试验、酶联免疫吸附试验和琼脂凝胶免疫扩散试验（AGIP）等血清学诊断。

对高致病性禽流感的疫情诊断，应严格规范四级疫情诊断程序，即专家临床初步诊断、省级实验室确认疑似、国家参考实验室鉴定、农业部最终确认和公布。

【类症鉴别】 本病与新城疫、禽霍乱、传染性支气管炎等十分相似，应加以区别。

（1）新城疫 在目前养殖条件下，新城疫疫苗免疫鸡群很少发生典型新城疫，感染鸡一般表现为轻微的呼吸道症状、神经症状和产蛋鸡产蛋下降，死亡率较低。小肠至直肠的肠道黏膜有出血点和纤维素性坏死病变。肾脏、脾、肺、胰脏均无坏死、出血等明显病变。

（2）传染性支气管炎 传染性支气管炎病鸡虽也有呼吸困难，但一般不拉绿便，死亡率不高。头颈部不水肿。病变仅局限在气管，无全身出血病变。

（3）禽霍乱 此病多发于 16 周龄以上的鸡，发病突然，死亡多为强壮鸡和高产鸡，排绿色稀粪，有慢性关节炎。病变为心冠脂肪出血；肝脏呈黄棕色或棕色，肿大，质脆易碎，表面有许多黄白色针头大小坏死灶；十二指肠有弥漫性出血。

（4）鸡支原体感染和曲霉菌性肺炎 这两种病都有咳嗽、呼噜、甩头等呼吸道症状，但禽流感除呼吸道症状外，在头、颈、胸部有水肿，胸肌、胸骨内侧黏膜有出血病变，而鸡支原体感染和曲霉菌性肺炎无此表现。

【防治措施】 禽流感的防控主要采取扑杀、强制性免疫和生物安全相结合的扑灭措施。

（1）平时综合预防措施 养禽场实行全进全出制度，控制人员、车辆出入，严格规范消毒。鸡和水禽禁止混养，严禁从疫区或可疑地区引进家禽或禽制品。

（2）免疫接种 AIV 抗原血清型多，且易发生变异，不仅有许多亚型，而且各个亚型之间有一定的抗原性差异，缺乏明显的交叉保护

作用，所以疫苗研制很困难。常规的卫生防疫措施仍是目前防治本病的主要手段。有条件的鸡场可进行鸡群免疫状态与抗体效价的检测。

（3）发病时的措施 当发生低致病性禽流感时，在严格隔离的情况下，可以用抗病毒药物，如利巴韦林、盐酸吗啉胍、盐酸金刚烷胺或盐酸金刚乙胺、板蓝根、大青叶等治疗，可缓解病情，同时注意预防继发感染。

二、新城疫

新城疫（newcastle disease，ND）也称亚洲鸡瘟或伪鸡瘟，我国民间俗称“鸡瘟”，是由新城疫病毒引起鸡和火鸡的一种急性、热性、高度接触性传染病，常呈败血症经过，其特征是高热、呼吸困难、下痢，有明显的神经症状，浆膜和黏膜出血，发病率和致死率都很高。

新城疫病毒（NDV）只有一个血清型，根据不同毒力的毒株对鸡致病性不同，新城疫病毒可分为3种：①强毒型或速发型毒株（包括速发型嗜内脏型、速发型嗜神经型），可致各种年龄的鸡急性致死性感染；②中毒型或中发型毒株，仅在易感的幼龄鸡引起致死性感染；③缓发型即低毒型或无毒型毒株，呈现轻度呼吸道感染或无症状的肠道感染。

NDV存在于病鸡的所有组织器官、体液、分泌物和排泄物中，其中以脑、脾和肺含毒量最高，以骨髓保毒时间最长。NDV对常用消毒剂、日光及高温的抵抗力不强，耐低温和干燥，对脂溶剂乙醚、氯仿等敏感，常用的消毒药如2%氢氧化钠、5%漂白粉，20分钟即可将其杀死。pH＝3～10时不被破坏。

【流行特点】 在自然条件下，本病主要发生于鸡、火鸡和鸽子。在所有易感禽中，以鸡最易感，不同品种和各种日龄的鸡均可感染，但幼雏和中雏易感性最高，两年以上的鸡易感性较低。

传染源主要是病鸡和间歇期的带毒鸡，但鸟类的传播作用也不可忽视，传染源通过口、鼻分泌物和粪便排出病毒。本病主要经消化道和呼吸道传播，病毒也可经眼结膜、受伤的皮肤和泄殖腔黏膜侵入鸡体，鸡蛋也可带毒而传播本病。非易感的野禽、外寄生虫、人畜也可机械传播病原。

该病一年四季均可发生，但以春秋较多。鸡场内鸡一旦发生本病，未免疫易感鸡群感染时，4～5d可波及全群，发病率、死亡率可高达90%以上；免疫效果不好的鸡群感染时症状不典型，发病率、死亡率较低。

【临床症状】 自然感染的潜伏期一般为2～14d，平均为5d。根据临床诊断表现和病程的长短，本病分为典型新城疫和非典型新城疫两种病型。

（1）典型新城疫 当非免疫鸡群或严重免疫失败的鸡群受到强毒株感染时，可引起典型新城疫的暴发，发病率和死亡率可高达90%以上。典型新城疫往往发生在流行初期，鸡群突然发病，常无明显症状而出现个别鸡只迅速死亡，各种年龄的鸡都可发生，但以30～50日龄的鸡多发。

随后在感染鸡群中出现比较典型的症状，病鸡体温升高达43～44℃，食欲减退或废绝，垂头缩颈，鸡冠及肉髯渐变暗红色或紫黑色；咳嗽，呼吸困难，有黏液性鼻漏，常伸头，张口呼吸，并发出“咯咯”的喘鸣声。随着病程的发展，有的病鸡还出现神经症状（图8-5），如翅、腿麻痹，转圈，头颈歪斜或后仰，病鸡动作失调，反复发作，最终瘫痪或半瘫痪，体温下降，不久死亡。病程为2～5d，1月龄内的雏鸡病程较短，症状不明显，病死率高；成年母鸡在发病初期产蛋量急剧下降，产软壳蛋等畸形蛋（图8-6）或停止产蛋。

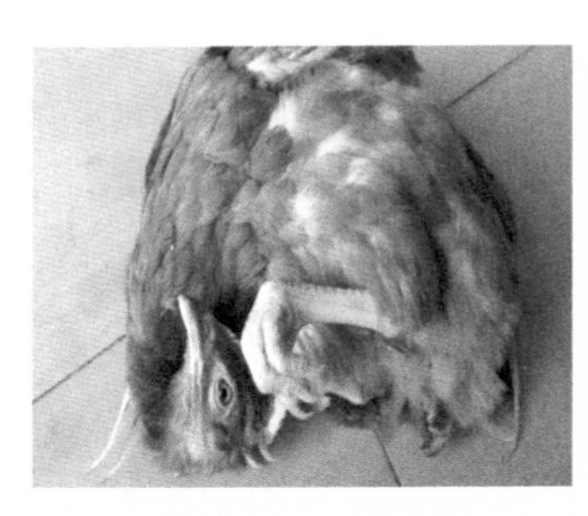

图8-5　神经症状

图8-6　畸形蛋

（2）非典型新城疫 鸡群在具备一定免疫水平时遭受强毒攻击，可发生非典型新城疫。主要是由于雏鸡的母源抗体含量高，接种新城疫疫苗后，不能获得坚强的免疫力。其主要特点是病情比较缓和，症状不很典型，仅表现呼吸道症状和神经症状，其发病率和病死率变动幅度大，可从百分之几到百分之十几。

1）雏鸡：常见呼吸道症状，张口伸颈，气喘，咳嗽，口有黏液，有摇头或吞咽动作，并出现零星死亡。拉绿色稀粪，1 周左右大部分鸡趋向好转，病程稍长者少数出现神经症状，如歪头、扭脖或呈仰面观星状，翅腿麻痹，稍遇刺激或惊扰，全身抽搐就地旋转，数分钟后又恢复正常。

2）青年鸡：常见于二次弱毒苗（Ⅱ系或Ⅳ系）接种之后，病鸡排黄绿色稀粪，呼吸困难，10% 左右的病鸡出现神经症状。

3）成年鸡：症状不明显，仅表现为呼吸道和神经症状，其发病率和病死率低，有时产蛋鸡仅表现为产蛋下降，幅度为 10%～30%，并出现畸形蛋、软壳蛋和糙皮蛋，半个月后产蛋量逐渐回升，但要 2～3 个月才能恢复正常。

【病理变化】 典型新城疫主要病变为全身黏膜、浆膜出血和坏死，尤其以消化道和呼吸道最为明显。口腔有大量黏液，嗉囊内充满多量酸臭液体和气体，在食管与腺胃、腺胃与肌胃交界处常见条状或不规则出血斑，腺胃黏膜水肿，其乳头或乳头间有明显的出血点（图 8-7 和图 8-8）。由小肠到盲肠和直肠黏膜有大小不等的出血点（图 8-9），肠黏膜上有时可见到岛屿状或枣核状溃疡灶，有的在黏膜上形成伪膜，伪膜脱落后即成溃疡，这也是本病的一个特征性病理变化。盲肠扁桃体常见肿大、出血和坏死（枣核样坏死）（图 8-10）。严重者肠系膜及腹腔脂肪上可见出血点。喉头、气管黏膜充血，偶清稀薄如水。

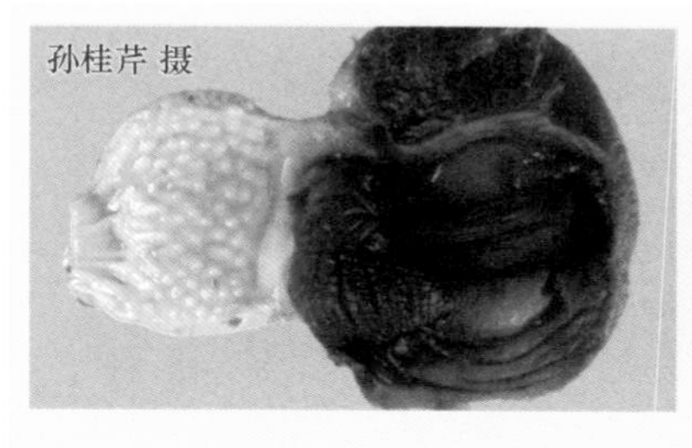

图 8-7　腺胃乳头间黏膜水肿、潮红

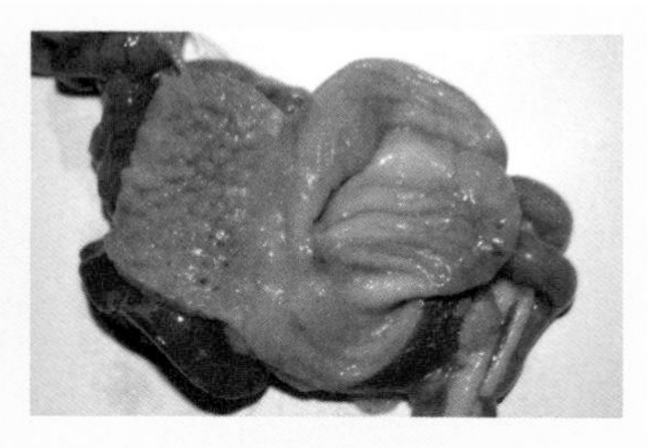

图 8-8　腺胃乳头出血

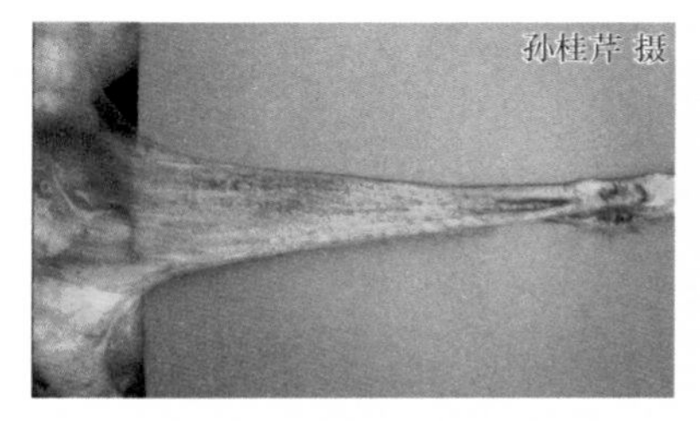

图 8-9　弥漫性点状出血

图 8-10　盲肠扁桃体肿大、出血

【防治措施】

(1) 严格采取生物安全措施　日常坚持隔离、卫生消毒制度，防止一切带毒动物和污染物品进入鸡群，进出人员、车辆及用具要严格消毒。

(2) 预防接种　鸡新城疫疫苗种类很多，但总体上分为弱毒活疫苗和灭活苗两大类。

弱毒活疫苗（也称弱毒菌）：国内使用的有Ⅰ系苗（Mukteswar株）、Ⅱ系苗（HB1株）、Ⅲ系苗（F株）、Ⅳ系苗（Lasota株）和Clone30等。Ⅰ系苗属中等毒力，在弱毒苗中毒力最强，一般用于2月龄以上的鸡，或经2次弱毒苗免疫后的鸡，幼龄鸡使用后可引起严重反应，甚至导致发病。Ⅰ系苗多采用肌内注射，接种后3~4d即可产生免疫，免疫期可达6个月以上。在发病地区常用作紧急接种。

灭活苗：多与弱毒苗配合使用。灭活苗接种后21d产生免疫力，产生的抗体水平高且均匀，因不受母源抗体干扰，免疫力可持续半年以上。

母源抗体对ND免疫应答有很大的影响，雏鸡在3日龄时抗体滴度最高，以后逐渐下降。在有条件的鸡场，根据对鸡群血凝抑制（HI）抗体免疫监测结果确定初次免疫和再次免疫的时间。对鸡群抽样采血做HI试验，如果HI效价高于2^5时，进行首免几乎不产生免疫应答，一般当抗体水平在$4\log_2$以下时免疫效果最好（主要是对活苗来讲）。对产蛋鸡则在$5\sim6\log_2$时即可再次免疫。

对非典型新城疫在注射Ⅰ系苗的同时，还应分别注射油乳剂灭

活苗，后者能产生高且均匀的抗体水平，从而清除在鸡群中长期存在的强毒。

三、传染性法氏囊病

传染性法氏囊病（infectious bursal disease，IBD）是由传染性法氏囊病病毒引起鸡的一种急性高度接触性传染病。本病发病突然、传播快、发病率高，病程短，主要表现腹泻、颤抖、极度虚弱并引起死亡。特征性病变为法氏囊水肿、出血，有干酪样渗出物，肾脏肿大并有尿酸盐沉积，腿肌、胸肌出血，腺胃和肌胃交界处有条状出血。幼鸡感染本病后，可导致免疫抑制。

本病最早发生于美国特拉华州的甘保罗（Gumboro），故本病又称甘保罗病。目前IBD是严重威胁养鸡业的主要传染病之一。

【流行特点】 自然感染仅发生于鸡，各品种的鸡都能感染，主要发生于2～15周龄的鸡，以3～6周龄的鸡最易感。近年有报道成年鸡和1周龄雏鸡也会发生本病。成年鸡多为隐性感染，10日龄以内雏鸡感染后很少发病。病鸡和隐性感染鸡是主要传染源，病毒通过粪便排出，污染了饲料、饮水、用具等，主要经消化道感染，也可经呼吸道、眼结膜感染。

本病往往发生突然，传播迅速，通常在感染后第3d开始死亡，5～7d达到高峰，以后很快停息，表现为高峰式死亡和迅速康复的曲线。死亡率差异很大，有的仅为3%～5%，一般为15%～30%，严重发病鸡群死亡率可达60%。

由于本病造成免疫抑制，使鸡群对新城疫、大肠杆菌病、支原体更易感，常出现混合感染。这种现象常使发病率和死亡率急剧上升。IBD全年均可发生，无明显季节性。

【临床症状】 潜伏期为2～3d，最初发现有些鸡啄自己的泄殖腔。随即病鸡采食减少或不食，羽毛蓬松，畏寒，挤堆，腹泻，粪便呈灰白色石灰浆样，偶带血液。严重者颈和全身震颤，精神委顿，步态不稳，卧地不动。后期体温低于正常体温，严重脱水，极度虚弱，最后死亡。病鸡的死亡高峰在发病后3～5d，以后2～3d逐渐平息。

【病理变化】 病死鸡明显脱水，胸肌、腿肌和翅肌等肌肉发生

条纹状或斑块状出血（图8-11）。法氏囊病变具有特征性，法氏囊水肿和出血，比正常大2～3倍，囊壁增厚，外形变圆，浆膜水肿，外包裹有浅黄色胶冻样渗出物，严重时法氏囊广泛出血，如紫葡萄状。切开囊腔后，常见黏膜皱褶有出血点或出血斑，囊腔内有灰白色糊状物，或灰黄色干酪样物。5d后法氏囊萎缩。

图8-11 肌肉出血

病死鸡胸腺有出血点，脾脏可能轻度肿大，表面有弥漫性灰白色病灶。发病中后期肾脏明显肿胀，由于输尿管和肾小管内尿酸盐沉积而使肾呈红白相间的“花斑状”外观。急性死亡者，腺胃和肌胃交界处见条状出血点。肝脏肿胀、出血、黄染。盲肠扁桃体出血。

【实验室诊断】 本病根据临床诊断可做出判断。进一步确诊需进行病毒分离鉴定、酶联免疫吸附试验、荧光抗体检查、琼脂凝胶免疫扩散试验和易感鸡接种等方法。

病料采集：采集发病鸡的法氏囊、脾脏、肾脏和血液。

【类症鉴别】 IBD的特征病变在法氏囊，但下列疾病也会发生法氏囊病变，应注意鉴别。

（1）新城疫 IBD与ND都有可能出现腺胃乳头及其他器官出血，但鸡新城疫病程长，有呼吸道和神经症状，无法氏囊特征性病理变化。

（2）肾型传染性支气管炎 病雏多见肾脏肿大和尿酸盐沉积，法氏囊充血或轻度出血，但无水肿，耐过鸡的法氏囊不见萎缩。肌肉无出血，患鸡有呼吸道症状，剖检可见气管充血、水肿，支气管黏膜下有胶冻样物等。

（3）鸡白痢 出壳后发现有病，有时10日龄出现白痢，常有白色粪便糊肛现象。剖检肝脏肿大、出血，病程长的，心、肝、肺、大肠和肌胃有坏死结节和坏死灶，盲肠有干酪样物。药物治疗有效。无法氏囊特征性病变。

(4) 鸡马立克氏病 病鸡的法氏囊呈灰白色，多表现萎缩。病鸡外周神经肿大，在腺胃、性腺、肝脏、肺脏上有肿瘤病变。

【防治措施】

(1) 严格执行卫生消毒及管理措施 实行全进全出的饲养制度，及时处理病死鸡及鸡粪等排泄物。加强日常消毒，所用消毒药以次氯酸钠、福尔马林和含碘制剂效果较好。

(2) 搞好免疫接种 目前使用的疫苗主要有活苗和灭活苗两类。

活苗有三种，一种是弱毒苗，对鸡的保护率低；二是中等毒力苗，突破母源抗体能力较强，对法氏囊有轻度损伤，这种损伤在10d后消失，对血清Ⅰ型的强毒感染保护力高，在污染鸡场使用这种疫苗效果好；三是中等偏强毒力苗，在两周龄前使用对法氏囊可造成严重损伤，引起免疫抑制，但不影响对IBD本身的保护力，使用这类疫苗，疫苗毒长期存活。

灭活苗有油乳剂灭活苗和组织灭活苗。灭活苗一般用于活苗免疫后的加强免疫，具有不受母源抗体干扰，无免疫抑制危险，能大幅度提高基础免疫等优点，主要用于开产的种鸡群。连续发病鸡场采用组织灭活苗免疫，可有效控制传染性法氏囊病的发生。

免疫程序的制定应根据琼脂凝胶免疫扩散试验或酶联免疫吸附试验对鸡群的母源抗体、免疫后抗体水平进行监测，选择合适的免疫时间。如果未做抗体水平监测，可参照下述方法进行：

一般种鸡采用2周龄较大剂量中毒型弱毒苗首免，4~5周龄加强免疫1次，产蛋前（18~20周龄）和40~42周龄时各注射油乳剂灭活疫苗1次，这种免疫程序可使雏鸡在2~3周龄得到较好的保护。

雏鸡在无母源抗体或母源抗体较低时，1~3日龄用1.5~2倍剂量的弱毒苗滴鼻、点眼首次免疫，2~3周龄用中等毒力苗进行二免。

有母源抗体的雏鸡，14~21日龄用中等毒力疫苗进行免疫，必要时3周后再加强免疫1次。

肉用雏鸡和蛋鸡，视抗体水平，多在2周龄和4~5周龄时进行两次弱毒苗免疫。

(3) 发病时的措施 发病时应立即清除患病鸡、病死鸡，并深埋或焚烧。鸡舍用0.3%的过氧乙酸或次氯酸钠，按每立方米30~50mL

带鸡消毒，每天上下午各1次，同时对鸡舍周围以及被病死鸡污染的场所和所有用具，用2%的烧碱水和10%的石灰乳剂彻底消毒。发病早期用高免血清或高免卵黄抗体进行皮下注射或肌内注射，可获得较好疗效。

四、传染性支气管炎

传染性支气管炎（infectious bronchitis，IB）是由传染性支气管炎病毒（IBV）引起鸡的一种急性高度接触性呼吸道和泌尿生殖道疾病。其特征是病鸡咳嗽、打喷嚏、流鼻涕和气管啰音等呼吸道症状。产蛋鸡表现为产蛋量减少和蛋的品质下降；肾型传染性支气管炎病鸡表现为排白色稀糊状粪便，肾脏肿大、苍白，有大量尿酸盐沉积。本病还常常与细菌混合感染或继发感染。

IBV不耐高温耐低温，IBV对乙醚敏感。一般消毒剂，如1%的来苏水、1%的石炭酸、0.1%的高锰酸钾、1%的福尔马林等均能在3~5分钟内将其杀死。IBV对酸碱有较强的耐受性。

【流行特点】 本病仅发生于鸡，其他家禽均不感染。各种年龄的鸡都可发病，但雏鸡和产蛋鸡最为易感。40日龄以内的鸡发病病死率为25%~90%，但6周龄以上的鸡死亡率一般不高。如在20日龄以内发生感染，输卵管则发育不全，甚至造成生殖器官持久性损伤，从而失去产蛋能力。本病主要通过呼吸道传播，也可通过被污染的饲料、饮水及饲养用具经消化道感染。本病传播迅速，常在1~2d内波及全群。

本病一年四季均能发生，但以冬春季节多发。鸡群拥挤、过热、过冷、通风不良、维生素和矿物质缺乏，特别是强烈的应激作用，如疫苗接种、转群等都可诱发该病发生。

【临床症状】 由于IBV血清型多，本病病型复杂，通常可分为呼吸型、腺胃型、肾型、生殖道型和肠型等多种，其中还有一些变异的中间型。

（1）呼吸型 自然感染的潜伏期为36h或更长一些。常看不到病鸡有前驱症状，突然出现呼吸症状，并迅速波及全群。4周龄以下鸡常表现伸颈张口呼吸、咳嗽、打喷嚏、甩头、气管啰音，病鸡精

神不振，食欲减少，昏睡，扎堆，两周龄以内的病雏还常见鼻旁窦肿胀，流黏性鼻液、流泪等症状。康复鸡发育不良。

5～6周龄以上的鸡的突出症状是气管啰音、气喘和微咳，尤以夜间最明显。同时伴有减食、沉郁和下痢，但常无鼻涕。产蛋鸡感染后呼吸道症状温和，但产蛋量下降25%～50%，并持续4～8周，同时产软壳蛋、畸形蛋、沙壳蛋，蛋白稀薄如水，蛋黄和蛋白分离，蛋白黏着于壳膜表面。产蛋鸡幼龄时感染IBV可形成永久性损伤，鸡只外观正常但终生不产蛋。

（2）肾型 多见于20～40日龄以内发病，10日龄以下、70日龄以上发病的比较少见。呼吸道症状轻微或不出现，或呼吸道症状消失后，病鸡持续排白色水样稀粪，粪便中几乎全是尿酸盐，病鸡沉郁、厌食、挤堆、迅速消瘦，饮水量明显增加。雏鸡病死率为10%～45%，6周龄以上鸡病死率为0.5%～1%。

（3）腺胃型 主要发生于20～80日龄的鸡。主要表现为精神沉郁，生长缓慢，拉黄绿色稀粪，有呼吸道症状，消瘦，最后衰竭死亡，死亡率在30%左右。鸡群出现死亡时，呼吸道症状相对减轻。病程为10～25d。

（4）生殖道型和肠型 外观症状与呼吸型、肾型、腺胃型类似，大部分为混合型。生殖道型发生于产蛋鸡群，主要表现为产蛋下降，出现软壳蛋、畸形蛋（图8-12），同时蛋品质下降。肠型主要表现剧烈腹泻，还可出现呼吸道症状。

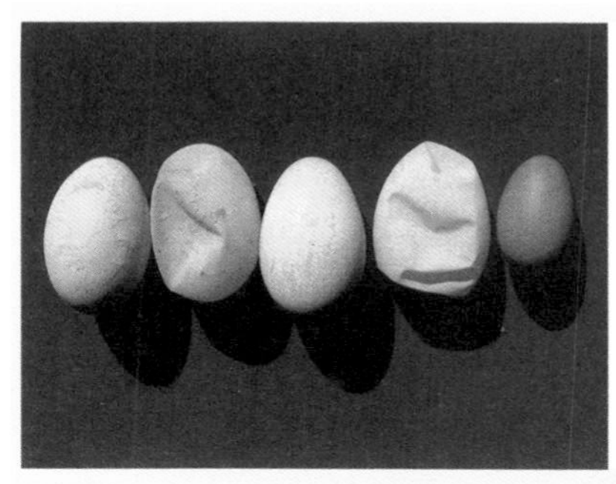

图8-12 软壳蛋、畸形蛋，蛋清稀薄如水

【病理变化】 病变主要发生在呼吸道以及消化、泌尿与生殖系统。

（1）呼吸型 剖检可见气管、支气管、鼻腔和窦内有浆液性、黏液性或干酪状渗出物，气管下部黏膜充血、肿胀，有出血点，管腔内有透明黏稠液体（图8-13）；肺瘀血，气囊浑浊；雏鸡的支气管下段可能有干酪性栓子，在大的支气管周围可见到小灶性肺炎。幼雏感染，有的见输卵管发育受阻，变细、变短或成囊状。产蛋母鸡腹腔可见液状的卵黄物质，卵泡充血、出血、变形，甚至破裂。

图8-13　支气管栓塞

（2）肾型 主要表现为肾肿大、苍白，肾小管和输尿管因尿酸盐沉积而扩张，外形呈白线网状，俗称“花斑肾”（图8-14）。严重病例在心包和腹腔脏器表面均可见白色尿酸盐沉着。

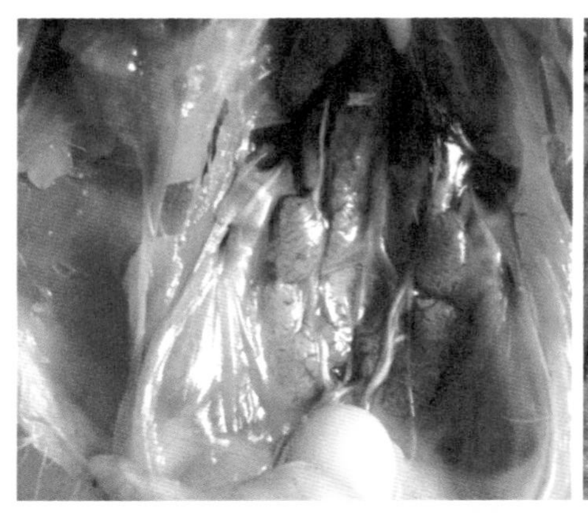

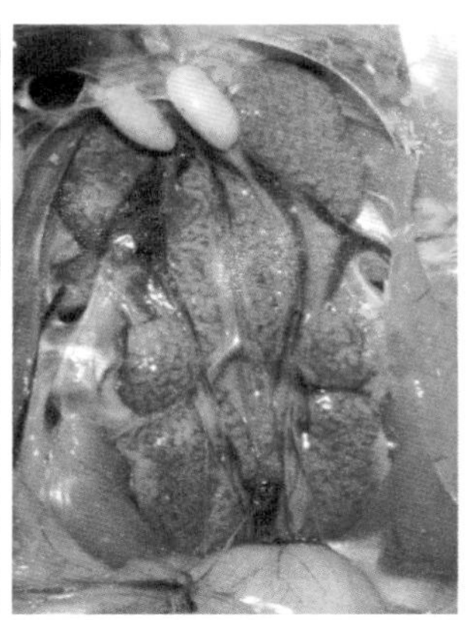

图8-14　花斑肾

（3）腺胃型 主要表现为腺胃明显肿大，为正常的2～3倍，腺胃乳头平整融合，轮廓不清，可挤出脓性分泌物，腺胃壁增厚，黏

膜有出血和溃疡。十二指肠有不同程度的炎症及出血，盲肠扁桃体肿大。还可见肾脏肿大，法氏囊、胸腺萎缩等。

（4）生殖道型 初期气管有黏液。卵泡充血、出血、变形，输卵管萎缩、变形（图8-15）。

（5）肠型 主要表现为肠道出血明显。也可出现呼吸道病变和肾脏肿大，尿酸盐沉积，输卵管发育不全等。

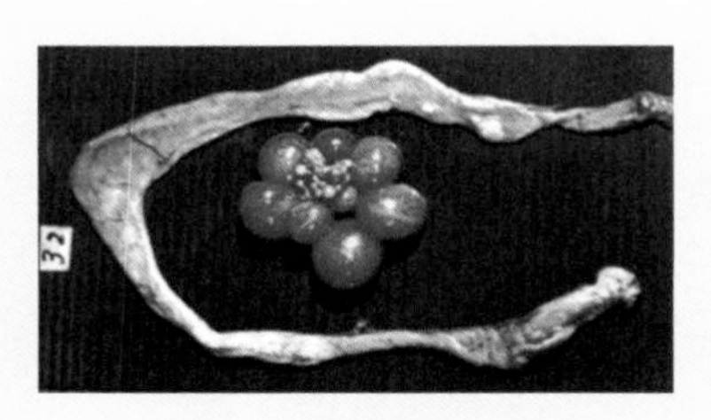

图8-15 输卵管变形

【实验室诊断】 根据流行特点、症状和病理变化，可做出初步诊断。确诊需进行实验室检验，包括病毒的分离鉴定、病毒中和试验、琼脂凝胶免疫扩散试验、血凝和血凝抑制试验、免疫荧光试验、酶联免疫吸附试验等。

病料采集：在感染鸡出现临床症状时采用气管拭子法采集病料，或病鸡死后采取组织病料如肺、气管、支气管、肾脏、输卵管、卵巢、盲肠等。将采集的病料放入含有抗生素（每毫升上清液中加入青霉素1万IU、链霉素10000μg）的运输液中，置冰盒内运送至实验室。可用鸡胚细胞培养物、鸡肾细胞培养物、气管环培养物进行病毒的分离。鸡胚培养选用SPF鸡胚来分离IBV。

【类症鉴别】 本病应注意与以下疾病相区别。

（1）鸡新城疫 新城疫发生于各种年龄的鸡，非典型新城疫也有呼吸道、消化道症状，与传染性支气管炎较难区分。新城疫主要表现为排黄绿色稀粪，有运动失调、头颈歪斜等神经症状，剖检可见嗉囊内有黏液性液体，腺胃乳头或黏膜出血，但不像腺胃型传染性支气管炎那样肿大，腺胃乳头不凹陷。肠道有出血点或纤维素性坏死点。

（2）鸡传染性喉气管炎 本病多发于成年鸡，而鸡传染性支气管炎在各种年龄的鸡中都能发生。鸡传染性喉气管炎的呼吸道症状和病变则比IB严重；且喉头和气管黏膜出血严重。

（3）传染性鼻炎 主要症状为鼻腔和鼻旁窦的炎症，表现流鼻

涕、打喷嚏，脸部、肉髯肿胀和结膜炎。尤其是脸部、肉髯肿胀，IB 是很少见到的。对于传染性鼻炎，抗生素治疗有效。

（4）慢性呼吸道病　主要发生在 1～2 月龄的雏鸡，发病慢，病程长，死亡较少，常并发细菌感染，剖检可见气囊炎、肝周炎及心包炎等病变。

（5）产蛋下降综合征　该病也表现产蛋鸡蛋品质和产蛋率下降，但无呼吸道症状，其他方面也都正常。

（6）禽痛风　肾型传染性支气管炎易与禽痛风相混淆，痛风一般无呼吸道症状，无传染性，且多与饲料配合不当有关，通过对饲料中的蛋白质分析及钙磷分析即可确定。

（7）禽流感　鸡、鸭、鹅等都可感染禽流感，IB 只感染鸡。禽流感主要表现为病鸡头肿，眼睑周围浮肿，冠和肉垂肿胀、发紫、出血和坏死，腿部和脚鳞片下出血，死亡突然，死亡率高。

【防治措施】

（1）加强饲养管理和保持环境卫生　防止鸡群拥挤、过冷、过热，定期消毒。合理配合饲料，防止维生素，尤其是维生素 A 缺乏。加强通风，以防有害气体刺激呼吸道。

（2）适时接种疫苗　目前国内常用的 IB 疫苗有弱毒苗和灭活苗。弱毒苗有 H_{120}、H_{52} 和 Ma5 等。H_{120} 毒力较弱，对雏鸡安全，主要用于雏鸡的首次免疫。H_{52} 毒力较强，多用于 4 周龄以上鸡的免疫。Ma5 用于肾型 IB。灭活苗可用于各种日龄的鸡。

（3）发病后的处理措施　本病尚无特异性治疗方法。根据鸡群发病情况采取综合性措施，及时隔离患病鸡群，鸡舍带鸡消毒。采取以下措施治疗也可收到一定的疗效。

对因治疗：饮水中加入利巴韦林、黄芪多糖，肌内注射家禽基因工程干扰素、聚肌胞。

对症治疗：对于肾型 IB，降低饲料中蛋白质含量，并加入肾肿解毒药和电解多维（特别是维生素 A）；呼吸型 IB，可在饮水中加入止咳平喘药。

同时对假定健康鸡群用传染性支气管炎油佐剂灭活疫苗进行紧急预防接种，合理应用抗生素以控制细菌感染。

五、禽脑脊髓炎

禽脑脊髓炎（avian encephalomyelitis，AE）是由禽脑脊髓炎病毒引起的一种急性高度接触性传染病，又称流行性震颤。该病主要侵害雏鸡的中枢神经系统，雏鸡主要表现为共济失调、渐进性瘫痪和头颈部肌肉震颤，主要病变是非化脓性脑炎。产蛋鸡感染后出现短暂的产蛋率和孵化率下降。

【流行特点】 自然感染见于鸡、雉、鹌鹑、珍珠鸡和火鸡等，鸡对本病最易感。各种日龄的鸡均可感染，但雏禽易感，尤以12～21日龄的雏鸡最易感。1月龄以上的鸡感染后不表现临床症状，产蛋鸡有一过性产蛋下降。

幼鸡或成年鸡感染后，病毒在肠道内增殖，3周内的鸡，病毒随粪便排出，日龄越小排毒时间越长，幼雏感染后可经粪便排毒达2周以上，3周龄以上雏鸡排毒仅持续5d左右。因病毒对外界环境的抵抗力很强，传染性可持续很长时间，当易感鸡接触被污染的垫料、饲料、饮水时，可经消化道感染。

【临床症状】 经胚胎感染的雏鸡在1～7日龄发病。经接触或经口感染的雏鸡在11日龄以后发病。本病主要见于4周龄以内的雏鸡，极少数到7周龄才发病。雏鸡发病率一般为40%～60%，死亡率为10%～25%，甚至更高。

病初雏鸡表现目光呆滞，行为迟钝，继而出现共济失调，两腿无力，不愿走动而蹲坐，强行驱赶时可勉强走动，但步态不稳，或向前猛冲后倒下。病雏在早期仍能采食和饮水。随病情发展而站立不稳，双腿麻痹呈前后劈叉姿势或双腿倒向一侧或紧缩于腹下（图8-16）。这时头颈部出现明显的阵发性震颤，当受到惊扰时震颤加剧。有些病鸡还表现出易惊、斜视、头颈偏向一侧。共济失调通常在颤抖之前发

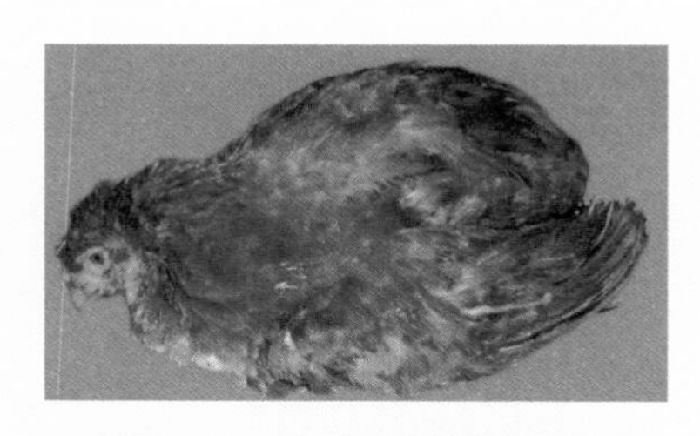

图8-16　病鸡双腿紧缩于腹下

生，有些病例仅出现颤抖而无共济失调。病鸡常因瘫痪而不能采食和饮水，以致衰竭死亡，病程为5～7d。部分存活鸡可见一侧或两侧眼球晶状体浑浊，眼球增大，甚至失明。

1月龄以上的鸡受感染后，除出现血清学阳性外，一般无明显临床症状和病理变化。产蛋鸡感染可发生1～2周内暂时性产蛋下降，幅度为5%～10%，所产种蛋孵化率下降10%～35%，母鸡还可能产小蛋，但蛋壳硬度、形状、颜色及蛋的内容物无明显变化。母鸡不出现神经症状（图8-17）。

图8-17 产蛋下降，无神经症状

【病理变化】 病鸡唯一可见的肉眼变化是胃肌层有细小的灰白区，这是由浸润的淋巴细胞团块组成的，这种变化不很明显，易忽略。个别雏鸡可发现脑组织变软、瘀血，或大小脑表面有针尖大的出血点。病理组织变化主要在中枢神经系统和某些内脏器官，中枢神经系统的病变主要为散在的非化脓性脑脊髓炎和背根神经节炎。

【实验室诊断】 根据临床诊断及结合药物治疗无效可做出初步判断。确诊需进行荧光抗体试验、琼脂凝胶免疫扩散试验或酶联免疫吸附试验以及病毒分离与鉴定等进行判断。

病料采集：最好采集病死鸡的脑，无菌采集后-20℃保存，备用待检。血清学检查采集血液分离血清。也可取脑、腺胃和胰做切片观察。

【类症鉴别】 病鸡瘫痪、共济失调等临床症状可由多种疾病引起，应注意鉴别。

（1）马立克氏病 发病年龄比传染性脑脊髓炎迟，一般在6～8周龄之后逐渐出现麻痹、瘫痪等症状。剖检可见外周神经变粗。

（2）鸡新城疫 常有呼吸道症状，死亡率较高，剖检喉头、气管、消化道有出血点，肠道有纤维素性坏死点。

(3) 雏鸡维生素 B_1 缺乏 主要表现为头颈扭曲，呈抬头望天的角弓反张状，在肌内注射维生素 B_1 之后大多能康复。

(4) 聚醚类抗生素中毒 病鸡瘫痪，不能站立，双腿后拖，无头颈震颤现象。

【防治措施】

(1) 日常预防 防止从疫区引进种蛋与种鸡，种鸡感染后 1 个月内所产的蛋不能用于孵化。

(2) 免疫接种 目前使用的疫苗有两种，一类是弱毒苗，种鸡接种活毒疫苗后母源抗体保留到 8 周龄时才消失，加之弱毒苗对雏鸡有一定的毒力，所以建议在 10 周龄以上，但不能迟于开产前 4 周接种活疫苗，使母鸡在开产前获得免疫力，活毒苗只能用于流行区。另一类是油乳剂灭活疫苗，灭活苗一般在开产前 4 周经肌内或皮下接种，必要时可在种鸡产蛋中期再接种 1 次。合理的免疫程序是：10～12 周龄饮水或点眼接种弱毒苗，开产前 1 个月肌内注射油佐剂灭活苗。

(3) 发病时的措施 本病尚无有效药物治疗。一般应将发病鸡群扑杀并做无害化处理。将污染场地和用具彻底消毒。或在种鸡发病时用油乳剂灭活疫苗作为紧急免疫。

六、禽 痘

禽痘（avian pox，AP）是由禽痘病毒（APV）引起禽类的一种急性高度接触传染性病。通常有皮肤型和黏膜型，前者多以皮肤（尤以头部皮肤）形成痘疹、结痂、脱落为特征，后者以口腔和咽喉黏膜的纤维素性、坏死性伪膜为特征。故本病又名禽白喉，有的病禽两者可同时发生。

禽痘病毒为痘病毒科禽痘病毒属的病毒，禽痘病毒是以鸟类为宿主的痘病毒的总称，目前禽痘有鸡痘病毒、火鸡痘病毒、鸽痘病毒、鹌鹑痘病毒、孔雀痘病毒、金丝雀痘病毒和麻雀痘病毒 7 种禽痘病毒，对外界自然因素的抵抗力相当强。耐干燥、热、阳光照射等，对酸、碱和多数消毒药敏感。在腐败环境中，病毒很快死亡。

【流行特点】 家禽中以鸡的易感性最高，各年龄、性别和品

种的鸡都可感染，火鸡、鸭、鹅等家禽虽也能发生，但并不严重。鸟类、鸽子也常发生，但病毒类型不同，一般不交叉感染。本病以雏鸡和青年鸡最常发病，雏鸡易引起死亡。

本病通过接触传播，病鸡脱落和破散的痘痂是散布病毒的主要形式。病毒也可通过唾液、鼻液和泪液排出。禽痘一般须经过皮肤或黏膜的伤口感染。蚊子和体表寄生虫也可传播本病。鸡群过分拥挤、体表有寄生虫、维生素缺乏等营养不良及饲养管理太差等，均可促使本病发生和加剧病情。如有葡萄球菌病、慢性呼吸道病等并发感染，可造成大批死亡。

鸡痘一年四季都能发生，皮肤型于夏秋季多发，黏膜型于冬季多发。

【临床症状】　潜伏期为4～6d。按病毒侵犯部位的不同，本病可分为皮肤型、黏膜型和混合型三种病型，偶有败血型。

（1）皮肤型　以头部皮肤，有时见于腿部、泄殖腔周围和翅内侧的皮肤上形成一种特殊的痘症为特征。常见于鸡冠、肉髯、喙角、眼睑、耳叶等头部皮肤，起初出现灰白色麸皮状覆盖物，随即长出灰白色的小结节，后变为灰黄色，然后逐渐增大至黄豆大小的痘疹，表面凹凸不平，呈干硬结节，内含黄脂状糊块。痘疹互相连接融合，形成大块厚痂（图8-18）。痂皮可以存留3～4周，以后逐渐脱落，留下平滑的灰白色疤痕。轻症可能没有疤痕。眼部痘疹可使眼睑闭合、眼睛失明。一般无明显的全身性症状。但病重的幼雏表现为精神萎靡、食欲废绝等症状，甚至引起死亡。产蛋鸡则表现为产蛋量减少或停产。

图8-18　冠髯面部痘疹

（2）黏膜型（白喉型）　多发于雏鸡和青年鸡。病死率高，雏鸡可达50%。病初表现为鼻炎症状，流黏液至脓性鼻液。2～3d后在口腔和咽喉等处黏膜出现痘症，开始为黄色圆形斑点，逐渐扩大

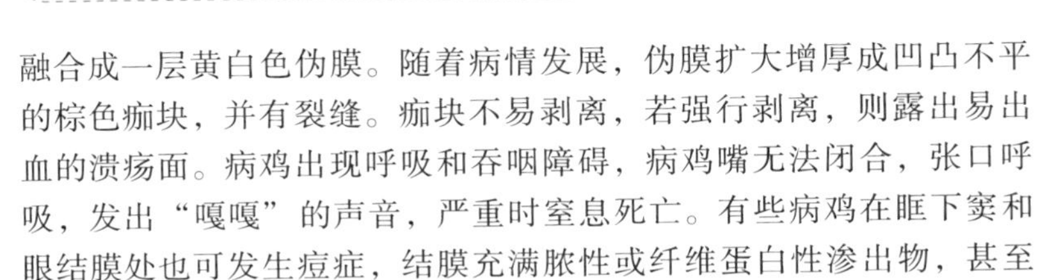

融合成一层黄白色伪膜。随着病情发展，伪膜扩大增厚成凹凸不平的棕色痂块，并有裂缝。痂块不易剥离，若强行剥离，则露出易出血的溃疡面。病鸡出现呼吸和吞咽障碍，病鸡嘴无法闭合，张口呼吸，发出“嘎嘎”的声音，严重时窒息死亡。有些病鸡在眶下窦和眼结膜处也可发生痘症，结膜充满脓性或纤维蛋白性渗出物，甚至引起角膜炎而失明。

(3) 混合型 即皮肤和黏膜同时受害，病情严重，死亡率高。

(4) 败血型 此类型很少见。病鸡无明显的痘疹，以严重的全身症状开始，精神沉郁，下痢，逐渐衰竭而死。病禽有时也表现为急性死亡。

火鸡痘与鸡痘的症状和病变基本相似，特别是产蛋火鸡出现产蛋减少和受精率降低。病程一般为2~3周，严重者为6~8周。

【病理变化】 病变和临床诊断所见相似。口腔黏膜的病变有时可延伸到气管、食道和肠道。肠黏膜可能有点状出血。肝脏、脾脏、肾脏常肿大。心肌有时呈实质变性。

【实验室诊断】 皮肤型和混合型禽痘根据临床症状和病变可以做出判断。单纯的黏膜型鸡痘不易诊断，可通过采用病料接种鸡胚或人工感染健康雏鸡进行鉴别。方法：采取病料（痘痂或伪膜）制成1:(5~10）的悬浮液，擦入划破的鸡冠、肉髯或皮肤伤口上以及拔掉羽毛的毛囊内，如有痘病毒存在，被接种鸡于5~7d内出现典型的痘疹症状。此外也可用中和试验、间接血凝试验、酶联免疫吸附试验和琼脂凝胶免疫扩试验等方法进行实验室诊断。

【类症鉴别】 单纯的黏膜型鸡痘易与传染性鼻炎相混淆，应注意区别。传染性鼻炎病鸡上下眼睑肿胀明显，用磺胺类药物治疗有效；黏膜型鸡痘病鸡上下眼睑多黏合在一起，眼肿胀明显，用磺胺类药物治疗无效。

【防治措施】

(1) 注意鸡舍内外环境卫生 定期实施消毒，鸡舍要钉好纱窗、纱门，并在蚊蝇多生季节，用杀虫剂杀死鸡舍内外的蚊蝇等。及时修理笼具，防止尖锐物刺伤皮肤。发现外伤鸡，及时用5%的碘酊涂擦伤部。

（2）预防接种 目前国内应用的疫苗有鸡痘鹌鹑化弱毒苗和鸡痘鹌鹑化细胞苗。国内常用鸡痘鹌鹑化弱毒苗，一般6日龄以上的雏鸡用200倍稀释疫苗于鸡翅内侧无血管处皮下刺种1针；20日龄以上鸡用100倍稀释疫苗刺种1针；1月龄以上鸡可用100倍稀释疫苗刺针2针。刺种后3～4d，刺种部位出现红肿、水泡及结痂，2～3周痂块脱落，表明接种有效。免疫期，成年鸡为5个月，雏鸡为2个月。首次免疫多在10～20日龄，二次免疫在开产前进行。

（3）发生鸡痘时的措施 一旦发生鸡痘，及时隔离病鸡，对鸡舍、运动场和一切用具进行严格消毒，对死亡和淘汰的病鸡及时进行深埋或焚烧等无害化处理，同时对易感鸡群进行紧急免疫接种。对症状轻微的鸡痘可以进行治疗。

用1%的高锰酸钾冲洗痘痂，用镊子小心剥离，用碘甘油（按碘酒70mL、甘油30mL比例均匀混合配制）直接涂上或撒上冰硼散，每天2次；黏膜型鸡痘，用镊子除去口腔、咽喉的伪膜，涂敷碘甘油；眼部肿胀的鸡，先挤出干酪样物，然后用2%的硼酸液冲洗，再滴入氯霉素眼药水。剥下的伪膜、痘痂或干酪样物都应烧掉，严禁乱扔，以防散毒。

大群鸡发生鸡痘，可在饲料中添加清瘟解毒中药（鸡痘散），连用7d。在饲料中添加维生素A和鱼肝油，有利于禽体的恢复。

在饲料或饮水中加入广谱抗生素，或环丙沙星、恩诺沙星等连用5～7d，以防继发感染。经治疗转归的鸡群应在完全康复后两个月方可合群。

七、传染性喉气管炎

传染性喉气管炎（infectious laryngo tracheitis，ILT）是由传染性喉气管炎病毒（ILTV）引起鸡的一种急性高度接触性呼吸道传染病。特征是呼吸困难，咳嗽和咳出含有血液的渗出物，喉头、气管黏膜肿胀、出血，甚至黏膜糜烂和坏死，蛋鸡产蛋率下降。

传染性喉气管炎病毒有囊膜，只有一个血清型，但有强毒株和弱毒株之分。在疾病早期，在感染细胞的细胞核中有包含体。

ILTV抵抗力中等，对氯仿、乙醚、直射阳光、热和一般消毒剂

敏感，耐低温和干燥。

【流行特点】 本病主要侵害鸡，各种年龄及品种的鸡均可感染，但以4～10月龄的成年鸡症状最为明显。褐羽褐壳蛋鸡品种发病较为严重，来航白、京白等白壳蛋鸡有一定的抵抗力。病鸡及康复后带毒鸡是主要传染源，病毒存在于喉头、气管和上呼吸道分泌物中。约有2%耐过鸡带毒并排毒，带毒时间长达2年。本病经呼吸道及眼结膜传播，也可经消化道传播。种蛋蛋内及蛋壳上的病毒不能经鸡胚传播。被病鸡呼吸器官及鼻腔分泌物污染的垫草、饲料、饮水及用具可成为本病的传播媒介，人和野生动物的活动也可机械传播病毒。易感鸡与接种活疫苗的鸡长时间接触，也可感染本病。

本病在易感鸡群内传播速度很快，2～3d内可波及全群，感染率可达90%以上，病死率为5%～70%。高产的成年鸡病死率较高。急性感染的鸡比康复带毒鸡传播更为迅速。

本病一年四季都能发生，但以冬春季节多见。

【临床症状】 本病自然感染的潜伏期为6～12d，人工在气管内接种，潜伏期为2～4d。

（1）急性型（喉气管炎型） 在流行初期，常有个别最急性型病鸡突然死亡。继之出现精神沉郁，食欲减少。随后表现出特征性症状，鼻孔有黏液，呼吸时发出湿性啰音，继而出现咳嗽、喘气和甩头症状。严重病例出现高度呼吸困难，每次呼吸时突然向上向前伸头张口并伴有喘鸣音，咳嗽多呈痉挛性，并咳出带血的黏液或血凝块（图8-19），血痰常附着于墙壁、水槽、食槽或鸡笼上。检查喉部，可见喉头部黏膜有泡沫状液体或浅黄色凝固物附着，不易擦去，喉头出血。病鸡迅速消瘦，鸡冠发绀，多为窒息死亡，病程一般为10～14d，产蛋鸡产蛋量下降约10%～20%。

（2）温和型（眼结膜型） 有些弱毒株感染时，流行比较缓和，发病率低，症状不明显，因而该型也呈地方流行型。其症状为雏鸡生长迟缓，产蛋鸡产蛋减少，畸形蛋增多，常伴有结膜炎、窦炎、黏液性气管炎。严重病例见眶下窦肿胀，持续性鼻液增多和出血性结膜炎。一般发病率为2%～5%，病鸡多死于窒息，呈间歇性发生死亡。病程短的1周，最长可达4周，多数病例可在10～14d恢复。

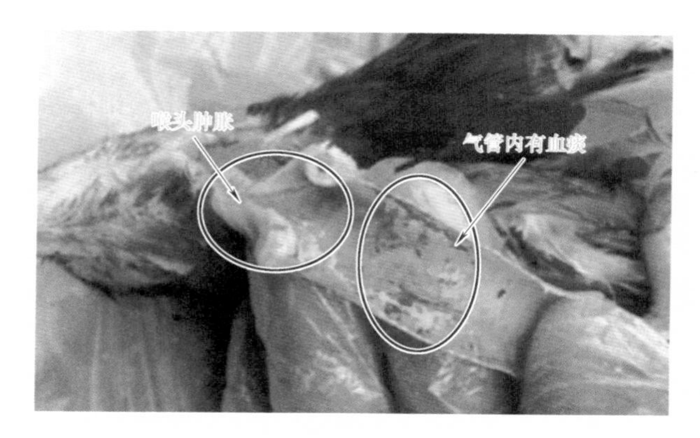

图 8-19　喉头肿胀，气管内有血痰

【病理变化】　急性型典型病变为喉头和气管的前半部黏膜肿胀、充血、出血，甚至坏死，喉和气管内可见带血的黏液性分泌物或条状血凝块，中后期死亡鸡只喉头气管黏膜附有黄白色纤维素性伪膜，并在该处形成栓塞，患鸡多因窒息而死亡。严重时，炎症可扩散到支气管、肺和气囊或眶下窦，甚至上行至鼻腔（图 8-20）和眶下窦。内脏器官无特征性病变。

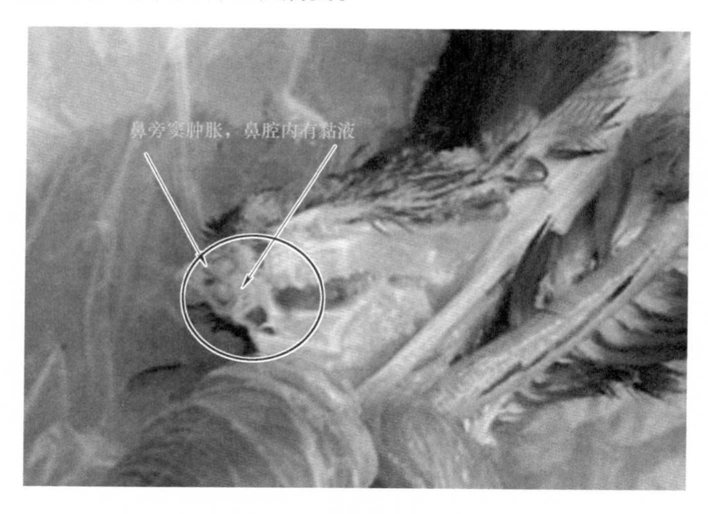

图 8-20　鼻旁窦肿胀，鼻腔内有黏液

温和型有的病例单独侵害眼结膜，有的则与喉、气管病变合并发生。主要病变是浆液性结膜炎，结膜充血、水肿，有时有点状出血。有些病鸡的眼睑特别是下眼睑发生严重水肿。有的病鸡则发生纤维素性结膜炎，角膜溃疡。

【实验室诊断】 根据流行特点、典型症状和病变可做出诊断。在病鸡表现不典型时需进行实验室检查。

病料样品采集：活鸡最好采集血液、气管拭子（将采集好的气管拭子放在含抗生素的运输液中保存）；死鸡采集整个头颈部或气管、喉头送检。

实验室常采取的方法有鸡胚接种、包含体检查和中和试验，此外也常采用荧光抗体技术、免疫琼脂扩散试验进行诊断。

【类症鉴别】

1）急性感染的传染性喉气管炎，与传染性支气管炎、黏膜型鸡痘及新城疫所表现的呼吸道症状相似，要注意区别。

a. 传染性支气管炎呼吸道症状没有传染性喉气管炎严重，且传染性支气管炎多发生于雏鸡，病变局限于气管中下部，管腔中有多量的黏液和血液，而传染性喉气管炎的病变主要局限于喉头及气管上部。

b. 黏膜型鸡痘在喉头气管处的黏膜可见隆起的单个或融合在一起的灰白色痘斑，一般不见气管的急性出血性炎症。

c. 非典型新城疫除呼吸道症状外，还可波及其他器官和组织，如盲肠扁桃体及泄殖腔黏膜等处，但传染性喉气管炎病变主要局限于呼吸道。

2）温和型传染性喉气管炎可见结膜炎，鼻、眼有分泌物，有时眶下窦肿胀，易与鸡支原体感染、传染性鼻炎相混淆，要注意区别。

a. 支原体感染，发病缓慢，病程长，气囊变化明显，常与大肠杆菌混合感染，剖检可见气管黏膜有株状黄白色干酪样黏膜增厚。

b. 传染性鼻炎发病急、传播快，常见结膜炎，尤其面部及肉髯水肿，产蛋量下降，死亡率低。

【防治措施】

（1）综合预防 严格坚持隔离消毒制度，加强饲养管理，提高

鸡群抵抗力是防止本病发生和流行的有效方法。病愈鸡不可和易感鸡混群饲养，耐过的康复鸡会在一定时间内带毒、排毒，所以要严格控制易感鸡与康复鸡接触，最好将病愈鸡淘汰。

（2）预防接种　一般情况下，在从未发生过本病的鸡场内不主张接种疫苗。在该病的疫区和受威胁地区，应考虑进行免疫接种。注意避免将接种疫苗的鸡与易感鸡混群饲养。

目前使用的疫苗有弱毒苗、强毒苗和灭活苗等。弱毒苗毒力较强，免疫后可出现轻重不同的反应，应用时要严格按说明书选择接种途径和接种量；强毒苗，可用牙刷蘸取少量疫苗涂擦在泄殖腔黏膜处，注意绝不能将疫苗接种到眼、鼻、口等部位，否则会引起该病的暴发。涂擦后3～4d，泄殖腔出现潮红、水肿或出血性炎症反应，表示接种有效，1周后产生坚强的免疫力，能抵抗病毒的攻击。注意强毒苗一般只用于发病鸡场；灭活苗的免疫效果一般均不理想。

用传染性喉气管炎弱毒疫苗给鸡群进行免疫接种，首免在30～60日龄，二免在首免后6周进行，种鸡或蛋鸡可在开产前20～30d再接种1次。免疫接种方法可采用滴鼻、点眼免疫。

（3）发病后的措施　发病后对患病鸡进行隔离，防止未感染鸡接触感染。鸡舍内外环境用过氧乙酸或菌毒净消毒，每天1～2次，连用10d。对尚未发病的鸡用传染性喉气管炎弱毒苗滴眼接种。病鸡群不能用疫苗滴眼、滴鼻；否则反应强烈，死亡率很高。对于发病鸡群，可采用中西医结合对症治疗。

1）投服清热解毒、镇咳、祛痰、消炎的中药。板蓝根1000g、金银花1000g、射干600g、连翘600g、山豆根800g、地丁800g、杏仁800g、蒲公英800g、白芷800g、菊花600g、桔梗600g、贝母600g、麻黄350g、甘草600g，将上述中药加工成细粉，每只鸡每天2g，均匀拌入饲料，分早、晚喂服，连用3d。

2）同时在饲料中加入土霉素、环丙沙星等抗菌药物预防继发感染，并给鸡群投喂黄芪多糖、电解多维等。

3）喉头处有伪膜的病鸡，可用小镊子将伪膜剥离取出，然后向病灶上吹上少许喉正散，或喂服六神丸，每天每只鸡用2～3粒，每天1次，连用3d即可。

八、马立克氏病

马立克氏病（Marek's disease，MD）是由马立克氏病病毒（MDV）引起的一种高度接触传染病，以各种内脏器官、外周神经、性腺、虹膜、肌肉和皮肤单独或多发的淋巴样细胞浸润并形成肿瘤为特征。世界动物卫生组织及我国都将其列为二类动物疫病。

马立克氏病病毒（Marek's disease virus，MDV）在鸡体内有两种存在形式：一种是无囊膜的裸体病毒，存在于感染细胞的细胞核中，属于严格的细胞结合病毒，与细胞共存亡；另一种是有囊膜的完全病毒，主要存在于羽毛囊的上皮细胞中，非细胞结合型，可脱离细胞而存活。从感染鸡羽毛囊处随皮屑排出的游离病毒对外界环境的抵抗力很强，室温下其传染性可持续4～8个月。

MDV对理化因素，如热、酸、有机溶剂及消毒药的抵抗力均不强。5%的福尔马林、3%的来苏儿、2%的火碱等常用消毒剂均可在10分钟内杀死该病毒。

【流行特点】 鸡是最重要的自然宿主，不同品种、年龄、性别的鸡均能感染MDV。来航白鸡抵抗力较强，母鸡易感性略高于公鸡。年龄越小越易感，特别是出雏和育雏室的早期感染导致发病率和死亡率都很高。年龄大的鸡感染后大多不发病。病鸡和带毒鸡的排泄物、分泌物及鸡舍内垫草均具有很强的传染性。本病主要通过带毒尘埃经呼吸道传播，也可经消化道和吸血昆虫叮咬感染，经种蛋垂直传播的可能性很小。

【临床症状】 自然感染潜伏期为3～4周至几个月不等。一般在50日龄以后出现症状，70日龄后陆续出现死亡，90日龄以后达到高峰，很少晚至30周龄才出现症状，偶见3～4周龄的幼龄鸡和60周龄的老龄鸡发病。

根据临床表现和病变发生的部位，本病可分为神经型、内脏型、眼型和皮肤型4种类型。

（1）神经型 常侵害周围神经，以坐骨神经和臂神经最易受侵害。当坐骨神经受损时，病鸡一侧腿或两侧腿发生不全或完全麻痹，站立不稳，两腿前后伸展，呈劈叉姿势，此为本病的典型特征。病侧肌肉萎缩，有凉感，爪子多弯曲；当臂神经受损时，翅膀下垂；支配颈部肌肉的神经受损时，病鸡低头或斜颈；迷走神经受损，鸡嗉囊麻痹或膨大，食物不能下行。一般病鸡精神尚好，并有食欲，但往往由于饮不到水、吃不到料而衰竭，或被其他鸡只践踏，最后均以死亡而告终。

（2）内脏型　常见于50～70日龄的鸡，病鸡精神委顿，食欲减退，鸡冠苍白、皱缩，有的鸡冠呈黑紫色，腹泻，渐进消瘦，胸骨似刀锋，触诊腹部能摸到硬块。病鸡脱水、昏迷，最后死亡。

（3）眼型　此类型很少见到。病鸡瞳孔缩小，严重时仅有针尖大小，虹膜边缘不整齐，呈环状或斑点状，颜色由正常的橘红色变为弥漫性的灰白色，呈鱼眼状。轻者表现为对光线强度的反应迟钝，重者对光线失去调节能力，最终失明。

（4）皮肤型　此类型较少见，主要表现为羽毛囊出现小结节或瘤状物，病变可融合成片，以大腿外侧、翅膀、腹部尤为明显。

临床上以神经型和内脏型多见，有的鸡群发病以神经型为主，内脏型较少，一般死亡率在5%以下，且当鸡群开产前，本病流行基本平息。有的鸡群发病以内脏型为主，兼有神经型。

【病理变化】

（1）神经型　多见坐骨神经、臂神经、腰荐神经和颈部迷走神经等肿大，神经粗细不匀，病变神经可比正常神经粗2～3倍，神经横纹消失，呈灰白色或浅黄色，有时水肿，多侵害一侧神经，有时双侧神经均受侵害。有时还可见性腺、肝脏、脾脏、肾脏等内脏器官形成肿瘤。

（2）内脏型　主要病变为内脏多种器官出现肿瘤（图8-21和图8-22），肿瘤多呈结节性，为圆形或近似圆形，数量不一，大小不等，略突出于脏器表面，灰白色，切面呈脂肪样。常侵害的脏器有肝脏、脾脏、性腺、肾脏、心脏、肺、腺胃、肌胃等。有的病例肝脏上不具有结节性肿瘤，但肝脏异常肿大，比正常大5～6倍，表面粗糙或呈颗粒性外观。脾脏肿大3～7倍不等，表面可见呈针尖大小或米粒大的肿瘤结节。卵巢肿瘤比较常见，呈花菜样肿大，甚至整个卵巢被肿瘤组织代替。腺胃外观有的变长，有的变圆，胃壁明显增厚或薄厚不均，切开后可见黏膜出血或溃疡。心脏肿瘤常突出于

心肌表面，由米粒大至黄豆大。肌肉肿瘤多发生于胸肌，呈白色条纹状。一般情况下法氏囊出现肉眼可见变化或萎缩。

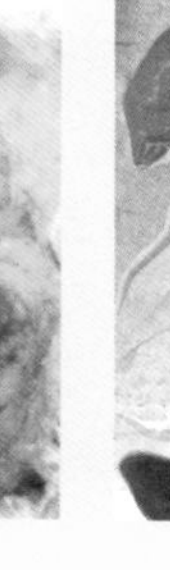
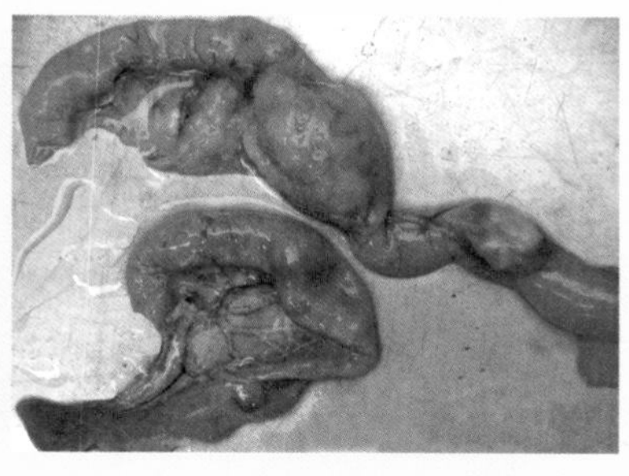

图 8-21　肝脏肿瘤　　**图 8-22　肠及肠系膜形成肿瘤结节**

【实验室诊断】　根据临床症状、典型病理变化可进行初步诊断，对于临床上较难判断的，可送实验室进行病毒分离鉴定、血清学检查、病理组织学检查等方法进行确诊。其中病理组织学检查对该病诊断具有特别的指征意义，可用于确诊。

【类症鉴别】　MD 与淋巴白血病、网状内皮增生症表现相似，应注意区别。

【防治措施】

（1）卫生防疫措施　加强养鸡环境卫生与消毒工作，尤其是孵化室卫生与育雏舍的消毒，防止雏鸡的早期感染。及时清除舍内外脱落的羽毛、皮屑及尘土等，坚持严格消毒，消毒药最好为碘制剂。防止应激因素和免疫抑制疾病的发生。

（2）疫苗接种　目前国内使用的疫苗有多种，这些疫苗均不能抗感染，但可防止发病。出壳后 24h 内 2 倍量注射单价苗或双价苗或多价苗。也可采用 1 日龄和 3 ~ 4 周龄进行两次免疫的方法。

（3）发生本病的处理　一旦发生本病，无特效药可治，在感染的场地清除所有的鸡，将鸡舍清洁消毒后，空置数周再引进新雏鸡。一旦开始育雏，中途不得补充新鸡。

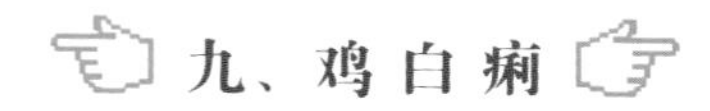

九、鸡白痢

鸡白痢（Pullorosis）是由鸡白痢沙门氏菌引起的鸡的传染病。

幼雏感染后常呈急性败血症，发病率和死亡率都高，成年鸡感染后，多呈慢性或隐性带菌，病菌可随粪便排出，因卵巢带菌，严重影响孵化率和雏鸡成活率。

【流行特点】 各品种和年龄的鸡对本病均有易感性，火鸡对本病也有易感性，但次于鸡。本病以2~3周龄以内雏鸡的发病率和病死率为最高，呈流行性。随着日龄的增加，鸡的抵抗力也增强。病鸡、带菌鸡是主要的传染源。本病有多种传播途径，可经卵垂直传播，也可经呼吸道、消化道、眼结膜以及破损的皮肤伤口等途径水平传播。经卵垂直传播是本病最重要的传播方式，带菌卵孵化时，有的形成死胚，有的孵出病雏。雏鸡的粪便和飞绒中含有大量病菌，被污染的饲料、饮水、孵化器、育雏器等又成为该病的水平传播媒介。感染的雏鸡若不及时治疗，则大部分死亡，耐过鸡长期带菌，成年后产出带菌的卵，若以此作为种蛋孵化，就会孵出带菌的雏鸡，则本病可周而复始地代代相传。

【临床症状】 本病在不同年龄的鸡中所表现的病状和经过有着显著的差异。

（1）雏鸡 如经蛋内感染，在孵化过程中出现死亡，孵出的弱雏或病雏常于1~2d内死亡，并造成雏鸡群的横向感染。出壳后感染的雏鸡，多在孵出后几天出现明显的症状。7~10d后雏鸡群内病雏日渐增多，在第二周、第三周达到高峰。最急性者，无症状迅速死亡。稍缓者表现为精神委顿，闭眼昏睡，不愿走动，怕冷，喜拥挤，常靠近热源。

（2）青年鸡 地面平养比网养和笼养多发。青年鸡发病多与环境卫生条件恶劣有关。鸡群整体食欲、精神尚可，鸡群中不断出现精神差、食欲差、下痢的鸡，没有死亡高峰，而是每天都有鸡死亡，数量不一。病程较长，可拖延20~30d，死亡率可达10%~20%。

（3）成年鸡 多呈慢性经过或隐性感染。一般不见明显的临床症状，当鸡群感染严重时，可明显影响产蛋量，产蛋高峰期产蛋量不高，维持时间也短。仔细观察鸡群可发现有的鸡产蛋少或根本不产蛋。有的鸡冠萎缩，有的开产时鸡冠发育尚好，以后则表现鸡冠逐渐变小、苍白。病鸡有时下痢。极少数病鸡表现为精神委顿，腹

泻，排白色稀粪，产蛋停止。有的感染鸡因腹膜炎，而呈垂腹状，有时成年鸡可呈急性发病。

【病理变化】

（1）雏鸡 急性死亡的雏鸡病变不明显，只见肝肿大、充血或有条纹状出血。其他脏器充血。病程稍长的病雏，可见卵黄吸收不良，其内容物色黄如油脂状或干酪样。肝有灰白色坏死点。有的病雏在心肌、肺、盲肠、大肠及肌胃肌肉中也有坏死灶或结节。胆囊肿大。输尿管内充满尿酸盐。盲肠中有干酪样物堵塞肠腔，有时还混有血液，常有腹膜炎。死于几日龄的病雏，可见出血性肺炎，稍大的病雏，可见肺有灰黄色结节和灰色肝变。

（2）青年鸡 典型病变是肝肿大，可达正常的2~3倍，暗红色至深紫色，有的略带土黄色，表面可见散在或弥漫性的出血点或黄白色粟粒大或大小不一的坏死灶，质地极脆，易破裂。有的肝被膜破裂，破裂处有较大的凝血块。

（3）成年鸡 成年母鸡的卵泡变形、变色（图8-23），呈囊状，有腹膜炎。有些卵泡坠入腹腔，引起广泛的腹膜炎及腹腔脏器粘连。常有心包炎，其严重程度和病程长短有关。轻者只见心包膜透明度较差，含有微混的心包液。重者心包膜变厚而不透明，逐渐粘连，心包液显著增多，在腹腔脂肪中或肌胃及肠壁上有时发现琥珀色干酪样小囊包。

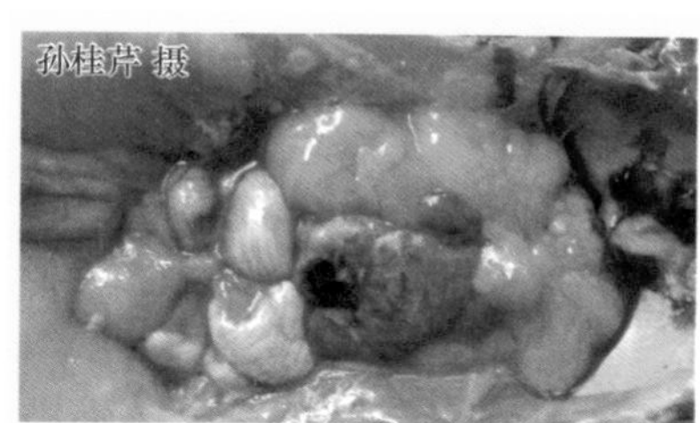

图8-23 卵泡变形、变色

【实验室诊断】 无菌采取病死鸡的肝脏、脾脏、肺、心血、胚胎、未吸收的卵黄、脑组织及其他有病变的组织；成年鸡采取卵巢、输卵管及睾丸等组织作为病料。对采集的病料进行涂片、染色、镜检，同时进行分离培养、生化试验及血清型鉴定。对成年鸡和青年鸡的鸡白痢，还可用平板凝集试验进行诊断。

【防治措施】

（1）建立和培育无鸡白痢的种鸡群 坚持自繁自养、全进全出的饲养制度，慎重从外地引进种蛋、种鸡。对种鸡群以全血平板凝集反应进行检疫。第一次检查于60～70日龄进行，第二次在16周龄进行，以后每隔一个月检查一次，发现阳性鸡及时淘汰，直至鸡群的阳性率不超过0.5%为止。

（2）加强孵化消毒 孵化时，用季铵盐类消毒剂喷雾消毒种蛋，拭干后再入孵。不安全鸡群的种蛋，不得进入孵化室。每次孵化前应对种蛋、孵化器、出雏器和孵化室用福尔马林熏蒸消毒。

（3）加强育雏管理 鸡舍及一切用具要注意经常清洁消毒。育雏室及运动场保持清洁干燥，饲料槽及饮水器每天清洗一次。育雏室温度维持恒定，采取高温育雏，并注意通风换气，避免过于拥挤。发现病雏，要迅速隔离消毒。

（4）应用微生态制剂 常用的有促菌生、调痢生、乳酸菌等。在用微生态制剂的前后4～5d应该禁用抗生素、喹诺酮类药。

（5）药物预防 雏鸡出壳后半月内可在饲料或饮水中轮换或交替添加敏感药物进行预防。

（6）治疗 沙门氏菌对多种抗菌药物敏感，但由于长期滥用抗生素，对抗生素耐药现象普遍，所以在治疗时应根据药敏试验结果选择敏感药物应用。

十、禽大肠杆菌病

禽大肠杆菌病（avian colibacillosis）是由某些致病血清型或条件致病性大肠杆菌引起的禽类急性或慢性非肠道传染性疾病的总称。大肠杆菌血清型很多，由于家禽年龄、抵抗力、感染途径不同，可以产生许多不同的病型，包括大肠杆菌性败血症、卵黄囊炎、脐炎、气囊炎、肠炎、输卵管炎、腹膜炎、肉芽肿、全眼球炎及滑膜炎等。

大肠杆菌对外界环境的抵抗力很强，附着在粪便、土壤、鸡舍的尘埃、孵化器的绒毛及碎蛋皮上等，大肠杆菌能长期存活。本菌

对一般消毒剂敏感，对抗生素及磺胺类药等极易产生耐药性。

【流行特点】 各种禽类不分品种、性别、日龄均可感染发病，特别是幼龄禽更易感，以鸡、火鸡和鸭最为常见，肉鸡更易感。1月龄前后的雏鸡发病较多，育成鸡和成鸡较雏鸡的抵抗力强。

大肠杆菌随粪便排出，蛋壳上污染的大肠杆菌很容易通过蛋壳进入蛋内，发生蛋外感染，另外大肠杆菌也可从感染的卵巢、输卵管等处侵入卵内，由此造成本病经蛋垂直传播，引起胚胎在孵化早期死亡，以及后期死胚、弱雏增多。病禽、带菌禽的分泌物、排泄物及被污染的饲料、饮水、用具、垫料及粉尘经过消化道、呼吸道以水平方式传染健康禽，交配或污染的输精管等也可经生殖道造成传染。

本病一年四季均可发生，但以冬春寒冷和气温多变季节多发。常与慢性呼吸道病、新城疫、传染性支气管炎等混合或继发感染。

【临床症状及病变】

（1）急性败血症 鸡鸭最常见，3~7周龄的雏鸡多发。病鸡常无明显症状而突然死亡。病程长的常有呼吸道症状，鼻腔分泌物增多，病鸡呆立，挤堆，食欲减退或废绝，排黄白色稀粪，发病率和死亡率较高。剖检可见纤维素性心包炎、肝周炎、气囊炎（图8-24）。心脏体积增大，心肌变薄，心包腔充满大量浅黄色液体（图8-25），肝脏边缘钝圆，肝脏表面有灰白色坏死灶，肝脏外有纤维素性白色包膜。各器官呈败血症变化，也可见腹膜炎、卡他性肠炎，肾肿大、紫红色，肺出血、水肿等病变。

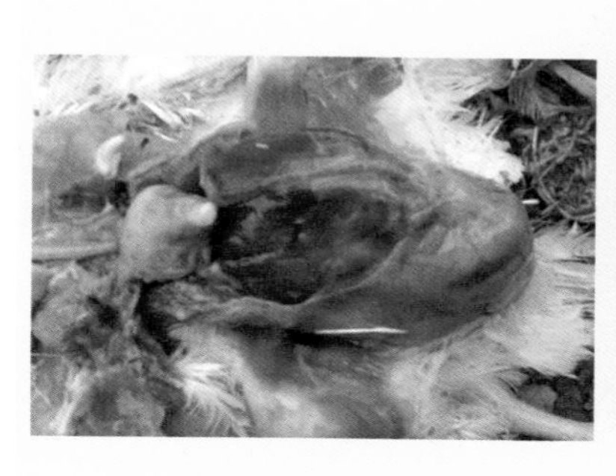

图8-24　包心包肝

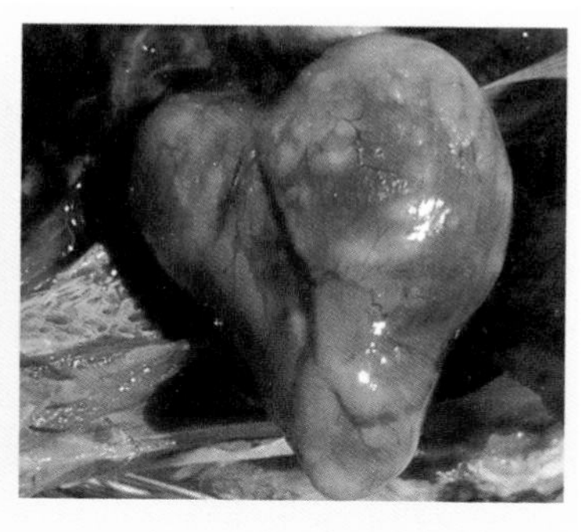

图8-25　心脏浅黄色包液

（2）卵黄囊炎和脐炎　即雏鸡的卵黄囊、脐部及其周围组织的炎症。主要发生于孵化后期的胚胎及1～2周龄的雏鸡，死亡率为3%～10%。雏鸡腹部胀大下垂，脐孔闭合不全，脐环周围炎性肿胀，局部皮下有胶样浸润。排白色或黄绿色泥土样稀粪，出壳后第一天或延续几天后死亡。雏鸡卵黄吸收不良，卵黄囊内容物从黄绿色黏稠物变为干酪样物，或变为黄棕色水样物。

（3）气囊炎　主要发生于5～12周龄的肉鸡，最多发生于6～9周龄。常继发心包炎和肝周炎。病鸡呼吸困难，咳嗽，有啰音，精神差，食欲差，增重慢。剖检可见气囊膜混浊、增厚，上附有纤维素性或黄白色干酪样物。

（4）肠炎型　病鸡排浅黄色粪便，小肠有卡他性或出血性炎症，偶见溃疡，腺胃黏膜充血。

（5）输卵管炎和腹膜炎　多见于产蛋期母鸡。病鸡精神委顿，食欲下降，排白色粪便，消瘦，产蛋下降或停产。由于卵黄落入腹腔内，从而造成腹膜炎，外观腹部膨胀，呈垂腹状。腹部触诊时，患鸡有痛感。剖检可见输卵管高度扩张，管壁增厚，管内有黄色纤维素性渗出物沉着或畸形卵阻滞。卵泡变形，呈灰色、褐色或酱色等，有的卵泡皱缩。滞留在腹腔中的卵泡，如果时间较长即凝固成硬块，切面呈层状；破裂的卵黄则凝结成大小不等的碎片。

（6）肉芽肿　多发于产蛋期将结束的母禽。一般为慢性经过，无特征性临床症状。剖检以肝脏、心脏、肠系膜和肠管出现典型的针头至核桃大小的肉芽肿为特征，结节的切面呈黄白色，略现放射状、环状波纹或多层性。

（7）关节滑膜炎　一般呈慢性经过，以雏鸡感染居多。病鸡关节明显肿大，翅下垂，跛行或不能站立。肿大的关节腔中有灰白色或浅红色的渗出物或有混浊的关节液，滑膜肿胀，增厚。

（8）眼炎　单侧或双侧眼肿胀，有干酪样渗出物，眼结膜充血、出血，眼房液浑浊，严重者失明。

【实验室诊断】　病原菌的分离和鉴定在大肠杆菌病的诊断中起决定作用。采集病料（根据病型采取不同部位的病料），涂片染色镜检，将病料画线接种于普通琼脂培养基、肉汤培养基、远滕氏琼

脂培养基、麦康凯琼脂培养基或伊红美蓝琼脂平板上进行分离培养，纯化分离到大肠杆菌菌株，然后进行生化试验、致病性的测定及血清型的鉴定等。

【防治措施】

（1）科学饲养管理 合理控制好禽舍温度、湿度、密度、光照，搞好禽舍空气净化，降低鸡舍内氨气等有害气体的产生和积聚。饲料内添加复合酶制剂、有机酸、微生态制剂等。

（2）加强消毒工作 加强种蛋收集、存放和整个孵化过程中的消毒管理。孵化室及禽舍内外环境和用具要搞好清洁卫生，并按消毒程序进行消毒。水槽、料槽每天应清洗消毒，定期带鸡消毒，以降尘、杀菌、降温及中和有害气体。采精、输精用具严格消毒，尽量做到每只鸡使用一个消毒的输精管。

（3）提高鸡体免疫力 大肠杆菌血清型较多，不同血清型抗原性不同，不可能针对所有养禽场流行的致病血清型制作菌苗。目前较为实用的方法是，在常发病的养禽场，可从本场病禽中分离致病性的大肠杆菌，选择几个有代表性的菌株制成自家（或优势菌株）多价灭活佐剂菌苗。在雏鸡7～15日龄、25～35日龄、120～140日龄各免疫一次，对减少本病的发生具有较好的效果。

同时可以使用维生素C按0.2%～0.5%拌饲或饮水；维生素A按每千克饲料1.6万～2万IU拌饲；电解多维按0.1%～0.2%饮水，连用3～5d。

（4）药物防治 选择敏感药物在发病日龄前进行预防性投药，或发病后用于紧急治疗。早期投药可促使病鸡痊愈，同时可防止新病例的出现，但在大肠杆菌病发病的后期，若出现气囊炎、卵黄性腹膜炎等较为严重的病理变化时，治疗往往不明显或无效。

十一、传染性鼻炎

传染性鼻炎（infectious coryza，IC）是由副鸡嗜血杆菌引起鸡的一种以鼻腔、眶下窦炎症，流涕、面部水肿和结膜炎为特征的急性呼吸系统疾病。由于产蛋鸡感染后产蛋减少，幼龄鸡感染后增重减慢及淘汰鸡数量增加，常造成严重的经济损失。如有并发感染和其他应激因素，则损失更大。

【流行特点】 本病发生于各种日龄的鸡，并随着日龄的增加，易感性增强。自然条件下以育成鸡和成年鸡多发。

传染源是病鸡和带菌鸡，慢性病鸡及隐性带菌鸡是鸡群发病的重要原因。本病主要由飞沫和尘埃经呼吸道传染，也可通过污染的饲料、饮水经消化道传染，但不经垂直传播。

鸡群拥挤，鸡舍闷热，通风不良，氨气浓度高，或鸡舍寒冷潮湿，不同年龄的鸡混群饲养，缺乏维生素 A，鸡群接种禽痘疫苗引起全身反应，或受寄生虫侵袭等都可促使本病的发生或使鸡群发病更严重。本病多发生于秋、冬季节。

【临床症状】 潜伏期短，传播很快，快者 1 ~ 3d，慢者 1 周之内传遍全群。本病主要是鼻腔和鼻旁窦内发生炎症，病初流稀薄水样鼻液，后转为浆液性或黏液性分泌物，甩头，打喷嚏，一侧或两侧颜面肿胀，水肿可蔓延到下颌部或肉髯。眼结膜发炎，眼睑肿胀，眼睑被分泌物粘连，眼不能睁开。采食量和饮水减少，或有下痢。仔鸡生长不良；成年母鸡产蛋减少甚至停止；公鸡肉髯肿大明显。如果炎症蔓延至下呼吸道，则呼吸困难并有啰音；病鸡常甩头欲将呼吸道内的黏液排出，最后常窒息而死（图 8-26）。

【病理变化】 主要病变为鼻腔和窦黏膜呈急性卡他性炎症，黏膜充血肿胀，表面覆有大量黏液，窦内有渗出物或干酪样坏死物。卡他性结膜炎，面部及肉髯水肿。严重时可见气管黏膜炎症，偶有肺炎及气囊炎。卵泡变形、坏死和萎缩（图 8-27）。

图 8-26 精神沉郁，面部浮肿，缩头

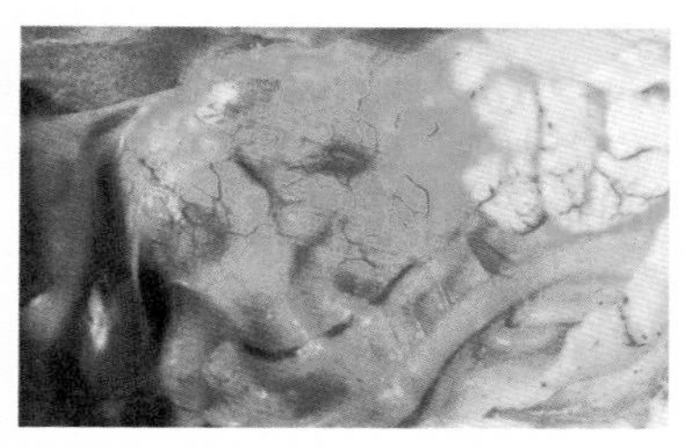

图 8-27 病鸡卵泡变形，易破裂

【实验室诊断】 病原分离鉴定：用消毒棉拭子在 2 ~ 3 只病鸡

的窦内、气管或气囊无菌采取病料，直接在血琼脂平板上画直线，然后再用葡萄球菌在平板上画横线，放在有5%的二氧化碳的缸内，于37℃培养，24～48h后在葡萄球菌菌落边缘可长出较大的半透明露珠样菌落，发育良好，成“卫星”样生长。获得纯培养后，再做进一步鉴定。

血清学诊断：凝集试验、血凝抑制试验和琼脂凝胶免疫扩散试验可用于本病诊断。

本病也可用聚合酶链式反应（PCR）进行诊断，PCR比常规的细菌分离鉴定快速。

【类症鉴别】

（1）鸡传染性喉气管炎 多发于成年鸡，主要表现为呼吸困难、咳嗽和咳出带有血液的黏性分泌物，喉头、气管黏膜肿胀、出血，甚至黏膜糜烂和坏死，蛋鸡产蛋率下降。

（2）鸡传染性支气管炎 可发生于各种年龄的鸡，幼鸡主要表现为咳嗽、打喷嚏、流鼻液和气管啰音等呼吸道症状；产蛋鸡表现为产蛋量减少和蛋的品质下降；肾型病鸡表现为排白色稀糊状粪便，肾脏肿大、苍白，有大量尿酸盐沉积。

（3）鸡毒支原体感染 主要发生在1～2月龄的雏鸡，病程长，死亡较少，常并发细菌感染，剖检可见气囊炎、肝周炎及心包炎等病变。

【防治措施】

（1）加强饲养管理和消毒 鸡场内每栋鸡舍应做到全进全出，清舍之后要彻底进行消毒，空舍一定时间后方可让新鸡群进入；鸡群饲养密度不应过大；不同年龄的鸡分开饲养；寒冷季节注意防寒保暖、通风换气；定期带鸡消毒；不从有本病的鸡场购进种鸡或鸡苗。

（2）免疫接种 用传染性鼻炎三价油乳剂灭活苗进行免疫接种。一般于25～35日龄首免，于产蛋前15～20d进行二免。

（3）发病后的措施 对鸡舍进行带鸡消毒，发病鸡群用灭活菌苗免疫接种，并配合药物治疗，可以较快地控制本病。

十二、鸡球虫病

鸡球虫病（coccidiosis in chicken）是由一种或多种艾美耳球虫寄

生于鸡肠道上皮细胞引起的原虫病，主要表现为出血性肠炎。本病在世界各地普遍存在，尽管现代化养鸡防治措施严格，但球虫病仍不断发生。因而鸡球虫病是常见多发和防治困难的疾病之一。雏鸡发病率和死亡率都很高，成年鸡一般不发病，多为带虫者。

【病原与发育史】 寄生于鸡的球虫种类很多。不同种类的球虫，在鸡肠道内寄生部位不一样，其致病力也不相同。其中危害最大的是柔嫩艾美耳球虫，寄生于盲肠，称盲肠球虫；其余球虫寄生于小肠，称小肠球虫，其中毒害艾美耳球虫的致病性仅次于柔嫩艾美耳球虫。

【流行特点】

（1）球虫的繁殖力和抵抗力 鸡感染1个孢子化的卵囊，7h后可排出100万个卵囊。温暖潮湿的场所有利于卵囊发育，卵囊在土壤中可以保持生活期达4~9个月，在有树荫的运动场上，可达15~18个月。当气温在22~30℃时，一般只需要18~36h就可发育成感染性卵囊。卵囊对高温、低温和干燥的抵抗力较弱，一般消毒液不易将其杀死。生产上常用0.5%的次氯酸钠溶液消毒。

（2）感染特点 所有日龄和品种的鸡对球虫都有易感性。球虫病多发于3月龄以内的幼鸡，其中以15~50日龄的鸡最易感，很少见于11日龄以内的雏鸡，成鸡多为带虫者。禽球虫为细胞内寄生虫，对宿主和寄生部位有严格的选择性，即侵袭鸡的球虫不会侵袭火鸡等其他家禽，而感染其他家禽的球虫也不会感染鸡。

（3）流行季节和诱因 发病时间与气温和雨量关系密切，通常在温暖潮湿的季节流行。北方以4~9月多发，7~8月为高峰期；南方及北方密闭式现代化鸡场，一年四季均可发病。鸡舍潮湿、拥挤、饲料品质差以及维生素A和维生素K缺乏可促进本病的发生与流行。

【临床症状】

（1）急性型 多见于雏鸡，病程1~3周，病初精神沉郁，羽毛蓬松，头蜷缩，食欲减退，腹泻。以后由于大量细胞被破坏和自体中毒，引起运动失调，翅膀轻瘫，缩头闭眼，嗉囊积液，消瘦，鸡冠及可视黏膜苍白，排水样稀便，并带有少量血液及脱落的肠黏膜。盲肠球虫病病鸡，粪便呈棕红色，以后变为纯粹血粪，出现血便后1~2d

死亡，15～50日龄的雏鸡发病率可达50%～70%，死亡率达50%～80%。急性小肠球虫病病鸡，粪便一般呈酱油色，死亡率不会太高，但病程长达数周，耐过鸡发育受阻。

（2）慢性型 多见于2月龄以上的鸡，症状类似急性型，但不明显，病程拖至数周或数月。表现为间歇性下痢，粪便色暗，腥臭。嗉囊积液，逐渐消瘦，足、翅轻瘫。鸡群均匀度差，肉鸡生长缓慢，死亡率低。成年鸡一般不发病，但为带虫者，增重和产蛋能力降低。

【病理变化】 病变主要在肠道，特点为出血性肠炎。其他器官变化不明显。盲肠球虫病病鸡，两支盲肠显著肿大，可为正常的3～5倍，切开盲肠可见肠腔中充满凝固的或新鲜的暗红色血液，肠黏膜坏死脱落，与血液混合形成干酪样物。肠壁浆膜可见灰白色小斑点。慢性小肠球虫病病鸡，因球虫种类不同，在小肠不同部位的浆膜上有大小不等的出血点和坏死斑点（图8-28）。肠管中有凝固的血液或胡萝卜色胶冻状的内容物（图8-29）。毒害艾美耳球虫损害小肠中段，小肠中部高度肿胀、气胀，有时可达正常的2倍以上。

图8-28 急性小肠球虫肠内出血严重

图8-29 盲肠球虫：盲肠急性出血

【实验室诊断】 根据流行病学特征、临床症状和病理变化初步判断。镜检粪便和肠黏膜刮取物，发现球虫卵囊、裂殖体或裂殖子即可确诊。

【防治措施】

（1）加强饲养管理和环境卫生消毒 雏鸡与成年鸡分开饲养，以免带虫的成年鸡散播病原导致雏鸡暴发球虫病。保持鸡舍干燥、通风，及时清除粪便，堆积发酵以杀灭卵囊。用球杀灵和1∶200的农乐溶液消毒鸡场及运动场。补充足够的维生素K和给予3～7倍推荐量的维生素 A 可加速鸡患球虫病后的康复。发现病鸡立即隔离，轻者治疗，重者淘汰。

（2）免疫预防　目前已经在生产上应用的疫苗有：

1）柔嫩艾美耳球虫弱毒苗。虫苗在 4 ~8℃冰箱中保存半年仍有很高的免疫效果。该疫苗具有安全、高效、价廉、使用方便等优点，适用于肉鸡。

2）Coccivac 虫苗。这种虫苗包含多种毒力球虫的活卵囊，经饮水免疫，使鸡轻度感染而产生免疫力。

（3）药物防治　球虫病防治的主要措施是药物预防，使用的药物有化学合成药和抗生素两大类。

发病时尽早使用药物治疗。抗球虫药对球虫生活史早期作用明显，而一旦出现症状和造成组织损伤，再用药物往往收效甚微。因此，药物预防是关键。磺胺类药物对治疗已发生感染的球虫病优于其他药物。在生产中，为了避免和延缓耐药性的产生，应该遵守轮换用药、穿梭用药和联合用药的原则。

第九章

果园林地养鸡成功案例

一、田间养殖和林下养殖汶上芦花鸡

山东金秋农牧科技有限公司位于济宁市汶上县次丘镇河里芦花鸡产业园区，林下田间养殖汶上芦花鸡共100亩。林下田间养殖汶上芦花鸡可形成“林业—牧草—畜禽”生态循环链：一是芦花鸡在林下吃树叶、杂草、虫子，既节省了饲料，又省去了给苗木除草、捉虫等工作；二是鸡粪可以肥田，促进苗木茁壮成长；三是散养的汶上芦花鸡肉质更加纯正、细腻、鲜美，更受消费者的青睐（图9-1）。这种模式饲养汶上芦花鸡具有投资少、见效快、效益好、市场容量大、饲养管理简单、易行等特点。

图9-1　田间养殖和林下养殖汶上芦花鸡

目前该公司林下田间养殖汶上芦花鸡共100亩，每批每亩放养100只，每年分2批放养，租赁土地承包费每年10万元。每只芦花公鸡利润为24.1元，每只芦花母鸡利润为113元。详情如下：

1. 公鸡

（1）成本费用　公鸡养到150d即可上市，总成本费用约为28.4元/只。

1）鸡苗：每只鸡苗费用为 6 元。

2）饲料：所需饲料为粉料，其主要成分有玉米、豆粕等。每只鸡平均每天喂料 40g，150d 消耗饲料 6000g，按每 500g 自配料 1.3 元计算，则每只鸡的饲料费用成本为 15.6 元。

3）防疫费用：每只鸡防疫费用估算为 0.8 元。

4）工资：每人每月工资平均按照 2000 元计算，每人可饲养 3000 只鸡，则每只鸡需要人工费用 2 元。

5）其他费用：其他费用包括燃料动力消耗、折旧费、摊销费及死淘等，每只鸡估算为 4 元。

（2）销售收入　每只 150 日龄的成年公鸡体重平均按 1750g，批发价格平均按每 500g 15 元计算（市场零售价为每 500g 25～30 元），则销售收入为 52.5 元/只。成年公鸡成本费用及销售收入见表 9-1。

表 9-1　成年公鸡成本费用及销售收入

名　　称	天数	单位	鸡苗	饲料	防疫	人工	其他	总成本	销售收入	利润
成年公鸡	150	元/只	6	15.6	0.8	2	4	28.4	52.5	24.1

2. 母鸡

母鸡养到 150d 开始产蛋，产蛋期为 350d。

（1）成本费用

1）前 150d 的成本费用约为 28.4 元/只（同公鸡）。

2）产蛋期每只鸡每天喂料 80g，350d 消耗饲料 28 000g，每 500g 自配料按 1.3 元计算，则每只鸡饲料费用为 72.8 元。人工费用约为 7.8 元，其他费用估算为 6 元，则 350d 的总成本为 86.6 元/只。

（2）销售收入

1）淘汰母鸡：每只淘汰母鸡体重平均按 1400g，销售价格按每 500g 10 元计算，则销售收入为 28 元/只。

2）鸡蛋：每只汶上芦花鸡年产蛋期为 350d，产蛋量按 200 枚计算，每枚芦花鸡蛋批发价格平均按 1 元计算（市场零售价为 1.5～3 元/枚），则销售收入为 200 元/只。成年母鸡和产蛋期母鸡成本费用及销售收入见表 9-2。

表 9-2　成年母鸡和产蛋期母鸡成本费用及销售收入

名　　称	天数	单位	鸡苗	饲料	防疫	人工	其他	总成本	销售收入		利润
									淘汰母鸡	鸡蛋	
成年母鸡	150	元/只	6	15.6	0.8	2	4	28.4			113
产蛋期母鸡	350	元/只		72.8		7.8	6	86.6	28	200	

二、林下养殖琅琊鸡

日照市岚山区优丰生态养鸡专业合作社位于岚山区后村镇宅科三村西山。该合作社于 2009 年 5 月开始发展林下种养业，在承包 1900 亩的荒山里，按照标准化养殖模式开发建设，修路、架电、引水，建设办公室、生活区、消毒室、育雏室、饲料库等养殖设施，当年引进土鸡苗 3000 只，由于有多年养殖经验，鸡只健康成长，顺利出栏，纯利润 6 万余元。从长远打算，合作社购进了孵化机，2010 年出栏土鸡 4 万余只，孵化鸡苗 10 万余只，土鸡蛋 5000kg，年生产总值 256 万元，当年盈利 60 余万元。2011 年共扩建鸡舍 32 处，年底出栏土公鸡 10 万余只，纯利润 90 余万元；销售鸡苗 28 万只，纯利润 6 万余元；土鸡蛋 30000kg，纯利润 10 万余元；对鸡粪进行发酵池发酵，发酵后销售给果农户、茶园户作为优质肥料，纯利润 9 万余元。以上 4 项纯利润 110 余万元，给合作社带来了可喜的效益（图 9-2）。

图 9-2　日照地区生态养鸡

主要经验做法如下：

1. 推进生态化养殖，助力科学发展

发展林下生态养殖，既节约了土地资源，又优化了环境，改善了山体整体状况。由于林内小气候条件得以改善，有利于鸡的生长发育，山泉水、野草、虫都成了鸡的美食，节约了饲料，降低了成本。鸡粪可以肥林，促进林木生长，促进资源的良性循环，使产品真正达到了绿色无公害。

2. 坚持合作社运作，提高养殖水平

做到“五统一”，即统一选育优良鸡苗，统一进饲料，统一采购设备，统一防疫消毒，统一产品销售。这样既降低了生产成本，又降低了用工，达到了饲料标准防疫消毒的科学统一；既防止了鸡的疫情发生，又保证了鸡产品的质量安全，全面提高了经济效益，产品统一销售，便于品牌的创建和规模经济的形成。

3. 致力品牌化运作，提高产品价值

合作社已经向工商部门申请注册了“南娄山鸡”“南娄山土鸡蛋”商标。也已经向农业部门申报无公害产品认证，力争在几年内做大做强产品的品牌，带动群众致富，带动周边地区利用荒山发展生态林下养殖业，合作社提供优质的鸡苗，提供技术，产品集中收购，增加农民收入。在带动现有农户的基础上再带动更多的养殖户发展循环经济、立体生态养殖，坚持走可持续发展之路，促进全市经济环境又快又好地发展。

三、林地果园养殖玉春草鸡

1. 生产特性

费县玉春草鸡是一种适于山地饲养的改良品种草鸡（图 9-3）。父系来自我国地方高度提纯的地方绿壳系品种东乡黑羽绿壳蛋鸡，母系来自国外引进的高产雪佛黑蛋鸡，以重点突出产蛋性能为主要育种目标，经过 8 年的培育而成，分为黄麻羽系和黑麻羽系，是目前产蛋性能优异、毛色最好的优秀绿壳蛋鸡改良品种。高峰期产蛋率达 95%，300 日龄产蛋率不低于 75%。成年鸡体重 1.75kg 左右，绿壳率为 75%。开产日龄为 120d（产蛋率为 15%），产蛋率达 50%

的日龄为165d；开产体重为1.1～1.3kg。500日龄入舍母鸡产蛋量可达240枚，平均蛋重49g，红冠白肉，无就巢性。

图9-3　费县玉春草鸡

2. 品种特性

玉春草鸡适合散养在山区丘陵地带（图9-4），性野，体型较大，腿长且细，善于奔跑，觅食能力强，野外适应性强，体质强壮，抗病力高于蒙山草鸡，耐粗饲料。玉春草鸡肉质细嫩，味道鲜美，适合多种烹调方法，并富含营养，有滋补养生的作用。

图9-4　山区丘陵地带散养玉春草鸡

玉春草鸡蛋的蛋壳颜色以绿色为主，此外还有酱绿色、浅蓝色、橄榄色、白色、青色、粉红色、土灰色和土黄色等10余种颜色（图9-5）。

3. 具体的成功经验（易萱生态农场）

（1）采用太阳能板进行光照控制　该鸡场采用太阳能板进行

光照控制（图9-6）。这种太阳能板是光控的，白天自动灭，晚上自动亮。它有两个作用，一是晚上可以防止其他动物入侵；二是持续的照射能够刺激鸡的大脑产生雌性激素，产蛋率会大幅度提高。

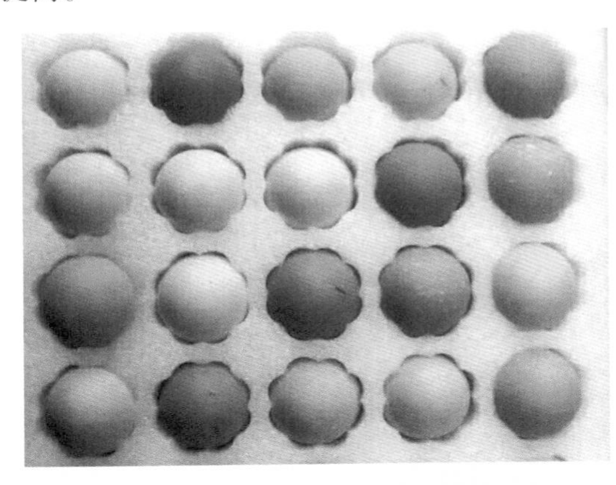

图9-5　不同颜色的鸡蛋

图9-6　太阳能板进行光照控制

（2）特殊的饲料配方　当前饲料原料短缺，低品质饲料原料、

新型饲料原料将被更多地用于配制饲料。对于家禽而言，消化机能将面临更大的挑战。该鸡场研发的益生菌保健液（图9-7）对维持消化机能及消化环境稳定有明显的作用。玉春草鸡饮用后的效果观察：提高饲料报酬，降低料肉比0.05～0.15，能显著提高15%的产蛋率；刺激机体免疫系统，大大改善鸡蛋的品质，减少有害气体排放；有效控制肠炎，降低家禽死亡率，降低药费70%以上，大幅度降低了抗生素和激素添加量；提高了疫苗的免疫效果。

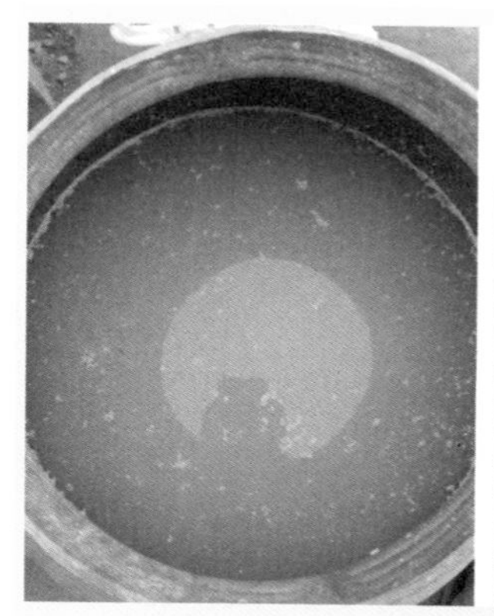

图9-7　益生菌保健液以及饲喂

（3）微商销售途径，坚持品牌宣传　对于散养草鸡蛋的销售，该鸡场采取了时下流行的微商模式。代理商包括技术加盟，全国已超过300家。

同时，易萱生态农场坚持散养草鸡蛋产品品牌化，并利用大学生创业的个人品牌，通过媒体的宣传报道提高知名度，充分利用QQ、微信、网站等自媒体，再整合资源打通销售渠道，最终走出了费县南张庄乡有特色的农村电商之道。

现在每天农场产蛋量在2000枚左右，零售价每枚1.5元。为了保证快递运输方便，农场还设计了高档珍珠棉的鸡蛋托，鸡蛋托的形状设计更是充满了智慧与创新，运输安全系数大大提高。现在正以“易萱散养草鸡蛋”为突破点，逐步发展立体生态种养殖模式，努力打造沂蒙地区规模最大的生态农业科技示范基地，实现精准脱贫、绿色脱贫，探索出可持续发展的林下经济新模式（图 9-8）。

图 9-8 养殖现场

附录　常见计量单位名称与符号对照表

量的名称	单位名称	单位符号
长度	千米	km
	米	m
	厘米	cm
	毫米	mm
面积	公顷	ha
	平方千米（平方公里）	km^2
	平方米	m^2
体积	立方米	m^3
	升	L
	毫升	mL
质量	吨	t
	千克（公斤）	kg
	克	g
	毫克	mg
物质的量	摩尔	mol
时间	小时	h
	分	min
	秒	s
温度	摄氏度	℃
平面角	度	(°)
能量，热量	兆焦	MJ
	千焦	kJ
	焦［耳］	J
功率	瓦［特］	W
	千瓦［特］	kW
电压	伏［特］	V
压力，压强	帕［斯卡］	Pa
电流	安［培］	A

参 考 文 献

[1] 李福伟，李淑青．高效养蛋鸡［M］．北京：机械工业出版社，2015.

[2] 黄保华．蛋鸡健康养殖新技术［M］．济南：山东科学技术出版社，2009.

[3] 逯岩，曹顶国．高效养优质肉鸡［M］．北京：机械工业出版社，2014.

[4] 魏祥法，王月明．柴鸡安全生产技术指南［M］．北京：中国农业出版社，2012.

[5] 曹顶国．轻轻松松学养肉鸡［M］．北京：中国农业出版社，2010.

[6] 张守然．土鸡科学饲养与管理［M］．呼和浩特：内蒙古人民出版社，2009.

特点：按照养殖过程安排章节，配有注意、技巧等小栏目，畅销5万册

定价：26.8

特点：常见病的诊断、类症鉴别与防治，畅销5万册

定价：25

特点：按照养殖过程安排章节，配有注意、技巧等小栏目

定价：26.8

特点：解答养殖过程中的常见问题

定价：19.8

特点：鸡病按照临床症状进行分类，全彩印刷

定价：39.8

特点：介绍鸡病的典型症状与病变，全彩印刷

定价：39.8

特点：以图说的形式介绍养殖技术，形象直观

定价：39.8

特点：近300张临床诊断图，全彩印刷

定价：49.8

特点：养殖技术与疾病防治一本通，配有微视频

定价：29.8

特点：养殖技术与疾病防治一本通

定价：20